博報堂のすごい打ち合わせ

博報堂最強腦力激盪術

廣告金獎團隊的——

6大討論原則
8個腦袋不卡關的思考點
9個創意訓練法

作者——博報堂品牌創新設計局
譯者——張婷婷

前言

會議中有五成閒聊，也能得出最好的結論

「為什麼閒聊占了這麼大的比例？」

「為什麼沒有議程？」

「和我目前為止參加過的會議截然不同啊……」

從其他企業轉職過來的員工，首次參加博報堂的討論磋商會時，似乎很多人都會有像這樣的疑問。

在博報堂會議室開過會的外部人員，也常常很訝異：「這還是我頭一回在開會時，聽見這麼多從其他會議室傳來的笑聲呢！」

根據東京大學教育學研究所的調查，清楚顯示了博報堂的討論磋商會之特徵。

二〇〇九年，岡田猛教授的研究團隊以「博報堂的創意生成能力研究」為題目，參與了十次博報堂的會議，並將開會情形用攝影機記錄下來，然後加以分析。

於是，數週後完成了名為〈博報堂脫軌的「閒談力」與跨部門的「越境力」，產生了強大創意〉之報告書，裡面記載著以下內容。

博報堂的開會磋商，有五〇%是由閒聊所構成。

我們開會時總是天南地北地閒聊，這是博報堂員工們廣泛認知的事實。然而，主持研究的岡田教授對這個調查結果卻難掩驚訝。

的確，通常開會磋商時，為了提高生產性都會對效率有所要求，因此，開會時花一半的時間在閒聊，或許是令人難以置信的事。

為什麼我們會用一半的時間在閒聊呢？

當然，博報堂的員工並不是為了打混摸魚而聊天。

在會議中，有一半時間花在閒聊上，乃是有其目的。**博報堂在開會時的對話，其實是有一套「架構」的。**閒談就是從這個架構中產生，但是在不知其所以然的第三者眼中，看到博報堂的會議一直閒聊，或許就認為這相當「特殊」。

▼全體員工都學得一身「不外傳」的開會磋商術

雖然博報堂的開會磋商大幅偏離一般形式，但是並沒有所謂的內部研修課程來指導員工該怎麼做。

每一位員工都是實際體驗過博報堂會議，看著周遭前輩們的姿態慢慢學習，然後不斷地傳承下去。

因此，這種開會磋商術的訣竅或知識，在員工之間一直是共享的默契知識（基於經驗或直覺得到的知識），並沒有明文規定。

於是，博報堂的員工為了讓這種開會磋商術，能夠更加發展、更靈活運用，便在二〇〇七年成立企劃小組，將這種默契知識加以體系化。

本書便是以此為基礎，加上聽取各部門員工意見，包括創意部、業務部、行銷部、諮商部、人事部、會計部、法務部等部門，綜合這些資料才完成。

書裡面有可以立即運用的「厲害」點子，以及一些「了不起」的堅持，相信讀者們將訝異「原來開個會需要做到這樣」。

關於博報堂的腦力激盪術，我們希望能透過書中介紹，讓讀者們產生真實感。

現在有許多公司正為了提高會議或討論磋商的生產性，而不斷努力著，像是「會議中的討論都不熱絡」、「員工不太會發想點子或說出意見……」該怎麼做才能解決這些問題呢？希望本書多少能帶給你一點啟示。

博報堂品牌創新設計局

前言

第1章

為什麼博報堂對開會討論非常講究？

第 2 章

引發新創意的博報堂式討論磋商架構

第 3 章

博報堂的「說話」與「問話」六大守則

第 4 章

最棒的討論就從「最高的閒聊」開始

第 5 章

在討論磋商時，能引發突破的八個提問

第 6 章

在短時間內，量產創意的「一人腦力激盪法」

第 1 章

為什麼博報堂對開會討論非常講究？

站在分岔路口，找到博報堂該走的路

「在會議中，要多說廢話。在討論時，要多說壞話。」

這段文字是從二〇一二年十月到二〇一四年三月為止，由博報堂刊載的企業廣告文案。

為什麼我們的企業廣告建議大家：在會議或討論場合裡，多說廢話或壞話呢？

更進一步來說，為什麼要特別提出討論磋商這件事呢？

理由就在，博報堂一路走來的歷史之中。

▼不受限於既有框架的博報堂

博報堂的開端，可回溯至一八九五年、由創業者瀨木博尚設立的教育雜誌廣告代理店「博報堂」。

當時，報章雜誌都是新的媒體，而廣告也是新產業。

創業者懷抱著「為了日本的將來，要透過出版對青少年教育做出貢獻」的志向，以出版品廣告為主要事業，讓博報堂成長發展起來。

然而，經過半個世紀後，博報堂被迫站在一個分岔路口。

一九五〇年代，民營的廣播及電視紛紛出現，廣告業界面臨劇烈的變動。戰後民營廣播、電視臺抬頭時，過去以出版品廣告稱霸一方的博報堂，卻晚了一步去經營。

「不單只是販賣廣告版面的業種，要改頭換面發展為販賣創意的業種。」

博報堂率先積極地從美國引進行銷和溝通理論，推動了廣告業的近代化。

然後，不再只是採用販賣給「媒體」的舊式做法，目標是要脫胎換骨，成為一個提供顧客「行銷」與「創意」的公司。

不受限於既有框架的創意與內容，以此為主軸打動消費者的心。當時的結論是，要成為一個最能理解消費者的公司，以消費者的觀點來發想，進而創造新的價值。

▼為了找出公司的命題就需要「討論」

想創造「新價值」，最重要的就是「不受既有觀念束縛的新想法」。

提出顧客從沒想過、意料之外的點子，這就是博報堂被賦予的課題。

而且，必須由每一位員工透過再三思考，提出創意來。沒有這樣的努力，就無法創造新的價值。

但是，**每個人所能想到的創意有其極限，這也是事實**。

當然不是要各位抱持把事情推給其他人的態度，只不過，博報堂的任務乃是持續產生新創意，這點很難光靠個人的努力達成。

博報堂的董事長水島正幸是這麼說的：

「新的創意，一定是在不同的價值觀、不同本質的才華，再加上多樣的文化，彼此撞擊下才會產生。

並且，對博報堂來說，只要是好的創意，不論是誰提出來的，大家都會認同，我們有這樣的企業文化。藉由『團隊力量』的相乘作用，提高每個員工的『個別』力量，進一步產生高度的創造力。」

在組織營運的思考方式中，有一種稱做「集體天才」的概念。也就是「不要靠一個天才，而是由團體或組織全體去發揮創造性」的思考方式。

或許也可以說，博報堂重視的團隊能力，與這種集體天才的概念有相通之處。

那麼，該怎麼做才會擁有提高個別能力的團隊力量呢？

答案就是，我們目前正在實行的「博報堂最強腦力激盪術」。

不要想著「開會」，一起來「討論」吧！

一般來說，「會議」和「討論磋商」都被當成是同義詞。兩者同樣都有「把人聚集在一起商量事情」的意思。但是，博報堂是將「會議」和「討論磋商」，當成不同的東西來思考。

▼「會議」與「討論磋商」的差別

在博報堂，以「會議」為名的聚會場合是少數，幾乎都是所謂的「討論磋商會」。以下將說明我們是如何區別「會議」與「討論磋商」。

◎會議

・為了共享資訊（報告、聯絡、商量）而舉行。

・在主持人安排的議事程序下，以單向溝通的形式進行。

◎討論磋商

・彼此提出想法與點子，目的是積沙成塔。

・所有參與者都是自發的，相互提出意見、腦力激盪，一起找出答案。

會議的目的是「報告」、「聯絡」、「商量」，而且是有計畫地準備好議題、時間分配或出席者姓名等，按照順序進行議事。

在會議上，傳達並共享「與組織營運相關的數字資訊」，可以讓組織運作更圓滑，所以是不可或缺的。博報堂也是公司組織，當然存在這些以報告數字或傳達資訊為目的的會議。然而，這樣的會議無論花多少時間，都不可能產生新創意。

因此，在博報堂，除了這些組織營運上不可免除的「會議」之外，我們希望員工彼此能提出想法和點子，創造一個讓意見互相激盪的場合。

產出最好的結論，要靠全員一起找出來

在博報堂，偶爾工作有一半以上的時間，都是在開討論磋商會。

對許多員工來說，討論磋商會就是如此切身且理所當然的事。或許可以說，討論磋商就像是「水」之於人類一樣。

對人類來說，水是不可欠缺的重要元素，同樣地，對我們來說，討論磋商也非常重要。如果說人類要靠水才能生存，那麼，博報堂就是靠討論磋商才能存在。

而博報堂最具代表性的討論會，就是「全員討論會」。

除了擔任企劃整合角色的創意總監，業務、宣傳、行銷、設計、文案等各個部門，大約都會各有六至十人出席。

過去也曾經有過在領導風格強烈的創意總監旗下，由其他成員們跟隨的方式來進行討論。

但是，那樣的全員討論會如今並非主流。

由強勢的成員主持一切，其他人只是傾聽，這種**「單向溝通式討論會」很容易發生創意或點子有所偏頗的情況。**

並且，在「上意下達型（由上而下）」的討論中，資訊很容易變成只是「上頭的指示命令」和「部屬往上呈遞的報告」這種單向的流動。

▼不論新進或資深員工都一視同仁

創意與職位高低無關，也與年齡、性別、職務種類無關。

為了產生新的價值，必須驗證各種可能性，現在的博報堂工作現場，一直都是貫徹創意至上主義。

每次開始討論時，都會以「好的創意勝過一切」、「不論提出的人是誰，好的創意就是好的創意」的思維為本，不管是進公司第一年的員工也好，在公司有二十年以上經歷的資深員工也罷，所有人都站在平等的立場上。

不論你是上司或前輩，對於任何人的報告，大家都不會只是默不作聲地聽。

「這到底是什麼意思？」

「咦？那是什麼東西？」

「這麼說的話……」

像這樣「挑毛病」或是「提問」，會頻繁地在討論中交錯提出。

當然我們有職位高低，但並不像體育社團的學生那樣，具有嚴格的前後輩關係，而是像文化類社團般輕鬆隨性。因此，成員們都可以自由發言，即使是資淺員工的意見，所有人也都會認真傾聽。

由行銷提出文案，或者設計師提出宣傳戰略之類的事也不稀奇。

參加討論的所有成員會發揮團隊力量，得出最好的結論，這就是目前博報堂討論磋商會的風格。

想法不在「腦袋裡」，而是從「對話中」誕生

一般人的理解似乎是「創意是由個人發想出來的」。但是，在博報堂並非如此。新的想法並不是像奧古斯特・羅丹的「沉思者」雕像那樣，一個人喃喃自語地從「腦海裡」誕生，而是在討論磋商的「對話中」產生。

博報堂之所以在企業廣告中，提出討論磋商這件事，就是從「博報堂出產的新價值，都是在討論磋商的場合中誕生」這種堅持講究的想法而來。

▼藉由不斷談話來引發創意

過去博報堂所參與的工作中，有許多創意是從對話中產生的。例如，第一六六頁專欄中登場的博報堂Kettle 執行長嶋浩一郎，就提過他是因為與書店店員談話時，對方曾說到「如果我是直木賞評審委員的話，應該會選另一本書……」，讓他想到了「書店大賞」的點子。

不過，就算是從對話中產出新想法，博報堂的員工也不可能把提出點子這件事交給他人。

為了能在討論磋商時產出新想法，一個重要的前提就是每位參加討論的成員，事前都要徹底地針對自己的點子反覆思考。

在此基礎上，博報堂的員工以「**自己想得到的點子，就是意料之內的點子。能立刻從腦中得出的想法，不可能是出乎意料的想法。**」為前提，來參與討論磋商會。

有句俗話說：「三個臭皮匠勝過一個諸葛亮。」意思就是：只要集合三個普通人彼此討論，也能夠有像諸葛亮那樣了不起的智慧。

博報堂之所以如此看重討論磋商，就是因為有著「比起一個人思考，集合眾人的力量，更能產出優秀的智慧」的共同認識。

假設A帶著A案，B帶著B案，C帶著C案來參加討論。

這時候我們並不會從三個提案中，「選出某個人的提案」，也不會從中找出折衷方案或妥協方案。

如果想著要選擇其中一人的提案時，那麼，討論磋商會就變成分出勝負的「競爭」了。

而且，企圖把三個提案整合成一個妥協方案，很有可能就會變成不上不下、曖昧或含糊不清的創意。

我們最終必須追求的結論，既不是A案，也不是B案，更不是C案。而是在討論時尚未問世、意想之外的「D案」或「E案」。

因此，在博報堂，討論磋商並不是一個「競爭的場所」，其定位乃是「共創的場所」，是讓大家共同創造新創意的地方。

博報堂為新進員工灌輸的「心理準備」

博報堂的文化之一，就是「各有巧妙」勝於「整齊劃一」。

「想認識各種不同個性的人」，這句話來自於博報堂的人才觀念。

不追求全體員工具備同樣的能力與價值觀，而是每個人有自己的原創性，個個鮮明閃耀、色彩分明，才是最理想的。

只不過，尊重這種「個別能力」的同時，博報堂也相當重視團隊的力量。

▼內定錄取者在進公司前就要學的「KJ法」

如同前述，博報堂認為「創意不在人的身上，而是在談話之中」。為了讓新進員工了解「博報堂討論磋商會的創意是由整個團隊一起追求」，並對此先有一番「心理準備」，因此我們引進了「ＫＪ法」，從一九七一年起就是我們員工教育訓練的支柱。

目前，我們在每年二月都會以「職前研習」為名組成小組，為內定錄取者舉辦宿營活動，學習這套「ＫＪ法」。

「ＫＪ法」就是一種利用卡片來整理資訊的思考法。

這是曾經擔任東京工業大學名譽教授的文化人類學者——川田喜二郎先生為了統整資訊而思考出來的方法。因此，以發明者川田喜先生的名字縮寫來命名。

透過ＫＪ法，可以將乍看之下毫無脈絡的資訊整理出頭緒，就能產生新的想法。

在研習中，我們以團隊方式來統合點子與資訊，同時產生新的想法，找出解決問題的頭緒。

透過這個研習，就會找到個人無法發現的切入點和想法，並認識到團隊力量的重要性。

我們在實際的討論磋商會中，其實並沒有經常使用ＫＪ法，但是這個方法的主要任務是，可以使對想像力有自信的新進員工，有機會認識到團隊合作的重要性。

「KJ法」的四個步驟

步驟① 把點子寫在「便條紙」上

- 一張紙只寫一個點子
- 用粗筆書寫才能看得清楚
- 文字要簡短、清楚、具體
- 把寫了文字的「便條紙」隨意貼在白板或桌上

步驟② 把所有蒐集到的點子「分組」

- 把點子的意思或文脈接近的便條紙疊在一起
- 別依理論性來分類，而是以直覺分類
- 將三或四張便條紙分成一個小組
- 「找不到同類者」就不要勉強分類
- 用便條紙寫上標題，貼在每個小組的最上面
- 反覆操作上述步驟，再整理成幾個大組（最終聚集成五至七組）

步驟③ 重新審視各組之間的關聯性

- 用線條或箭頭將每一組的關聯性（因果關係、相互關係、相反關係等）畫成圖解

步驟④ 以圖解為基礎創造概念

- 圖解各組之間的關係後，以寫文章的方式把它編成故事
- 寫出斷斷續續的文章，用「～所以」、「因為～」等連接詞來連接
- 歸納用來表現這個故事「概念」的一句話

隱藏在「閒聊」背後，絕佳的談話方式

在前言裡，曾提到二〇〇九年東京大學教育學研究所的岡田猛教授，他的研究團隊觀察過十次博報堂的討論磋商會，並為我們做過分析。

那份調查報告書上，記載了下列的內容。

・博報堂的討論磋商會有五〇％以閒聊構成

・「廢話」和「壞話」是討論磋商時的潤滑劑

對於我們的討論磋商會花一半時間在閒聊，而且還在其中說廢話和壞話，正在閱讀本書的讀者一定感到很驚訝吧。

▼原來閒聊也能提高生產性

近年來「生產性」這個詞受到許多關注。

從工作效率的觀點來看，大家會希望極力削減與業務沒有直接關係的時間，因此，或許就傾向在討論磋商會中減少閒聊。

以生產性來說，我們的討論磋商會可能是「沒有效率」的。如果拿掉閒聊，討論時間就會變成現在的一半，可以把更多的時間分給其他業務。

但是，對我們而言，討論磋商會裡的五〇％閒談是絕對必要且不可欠缺的。不如說，我們認為要提高生產性，閒聊是絕對不可欠缺的東西。

原因在於，**博報堂討論磋商會的「閒聊」是有「架構」的，而在討論中夾雜的閒聊，就是從這個談話架構中誕生。**

那麼，隱藏在博報堂討論磋商會背後的談話方式是什麼？
而且，為什麼討論的時候，有必要把一半的時間花在閒聊上呢？
從下一章開始，我們將會詳細說明這個重要的架構。

第 2 章

引發新創意的 博報堂式討論磋商架構

意識到討論的四道程序，順利引發新想法

我們在前一章中提到，博報堂的討論磋商有其「架構」。討論磋商是以解決課題或提出點子為目的，由「共享」、「擴散」、「收束」、「統一」這四個步驟構成，請參考左圖。

這並不代表我們在討論中，會不斷確認「目前位於哪個步驟」。由於我們幾乎不準備議事程序，而是由參加的成員各自解讀討論流程，掌握目前到了哪個程序，由此形成一種默契。

因此，參加博報堂討論磋商會的成員，在對話的同時，便會不時主動留意「目前的討論位於哪個程序」，才能催生新的發想。

經由四道程序產生新的發想

程序①

共享

與參加成員共享以討論會為前提的資訊，如目的、目標、進行方式等。

程序②

擴散

參加成員事前準備好提案，並以此為本進行討論。
驗證各種可能性，將所有點子盡數提出。

程序③

收束

分析解讀零散的點子，同時沿著課題來選擇取捨，整理出幾個方向（有關聯性的整理）。

程序④

統一

從整理好、具備方向性的點子中找出結論，以求得成員們統一的意見。

討論的成敗，取決於「擴散」階段

在討論磋商的程序中，我們最重視的是「擴散」階段。擴散就是徹底找出與課題相關的點子，發現其中的各種可能性。

在需要提出點子的討論磋商會裡，最重要的就是盡其所能地擴散這些想法。

當然，「提出好的點子」很重要，這也是博報堂的目標。

但是，我們進一步的想法是，「好的點子」是在討論擴散後，隨之而來的結果。

▼打破「符合預期的結果」

在博報堂裡，我們認為：最後導出的結論，其品質會與「擴散的程度」成正比。也就是說，**討論愈是擴散，得出的結論品質就會愈高**。

為了產生新的創意，便不能受常識束縛，而且自由思考也成了不可欠缺的一環。如果沒有讓討論充分擴散，就進入下一個程序「收束」的話，「結論」落在常識範圍內的可能性就變高了。

換句話說，沒有引發擴散的討論，也就是「符合預期的結果」。像這樣的討論磋商方式，就算進行了，也只會得出意料之中的結論而已。

如果沒有這種意識，放任不管，就很容易產生符合預期的結果。而且參加的成員們可能因為害怕無法收拾結果，有意無意地想要避免討論擴散。

同樣地，如果太過在意「討論要有效率，盡量在短時間內結束」這件事，也會妨害擴散。

「要得出最好的結論，就必須讓討論擴散。」所以，最重要的就是先讓所有參加的成員們，都抱持正確的意識才行。

讓創意不斷擴散，誕生新想法的閒聊法則

假設，我們以解決某個課題為目的進行討論，參加的成員們提出的解決方案有A案、B案、C案、D案等四個方案。

這時候，一般的討論流程，應該是所有成員針對這四個方案各自表達意見，然後從中選出一個方案吧。

但是，這樣並不會引起擴散。

所以，在博報堂的討論磋商會中，如果成員們提出四個方案時，我們會思考解決方法真的只有這四個嗎？而且，會試圖從是否還有E案或F案的問題切入，讓創意更加擴散出去。

▼提出的創意方案比起「質」更重視「量」

實際上，為了擴散討論，我們重視點子的量更勝於質，所以如果是三到四人一起討論，那麼大約要提出四十個方案，有時候甚至會有多達一百個以上的方案。為了導出結論，最少也要檢討一百個左右的方案。雖然最終會捨棄掉九十九個方案，但這絕對不是徒勞無功。

「是不是還有尚未搬到檯面上的點子呢？」「有沒有我們遺漏的觀點或事實？」我們會像這樣來擴散討論，但是不管怎麼說，人總是容易受到常識或既定觀念束縛，所以往往會想著「這個點子和題目無關吧？」「這樣的點子應該不太可能實現吧？」而在腦海中，下意識地選擇取捨。

如果要求一個人「針對某個主題想出一百個點子」，有些人想得出來，但也有些人無法辦到。二者之間的差別，與其說是「發想能力」的差異，不如說絕大部分是差在有沒有習慣「擴散思考」。

參與討論的成員，如果無法全體都對「擴散」抱持著強烈的意識，就不太容易引發其效應。

這時候能夠產生效果的方式，就是閒聊。

「閒聊才是討論成敗的關鍵」，在博報堂，我們就是把閒聊的地位看得這麼重要。而且擁有這種堅持的博報堂，在企業廣告中也打出了「在會議中，要多說廢話。在討論時，要多說壞話。」這句文案。

在博報堂的討論磋商會中，頻繁出現閒談的時刻，主要在討論的「開頭」，以及「擴散程序」這兩個場面。

討論開頭的閒聊，我們會在第四章中詳細解說，這裡我們先專注解說擴散程序中的閒聊。

▼有效的閒聊會加速擴散

博報堂的員工會利用討論磋商會的一半時間來閒聊，目的是為了擴散討論。

不懂得這個談話架構的新進員工，或者中途轉職來的員工，第一次參加討論時，經常會對一直在閒談的會議感到震驚。

以下介紹一個對博報堂討論磋商會感到困惑的代表性小插曲，這是某個行銷部門同事的故事，當時他還是一位新進員工。

「那是我和前輩一起與市調公司開會時的事情。

那次為了商品的調查設計（在進行調查時所需的設計）而開會，一直兜著圈子在閒聊，話題完全沒有進展。我覺得這樣下去永遠都做不出調查表來。

愈來愈焦慮的我，終於忍不住對前輩大聲說話：『這些無聊的事不要一直講個沒完沒了，趕快來做調查設計吧。』

於是，前輩便對我說：『那要怎麼調查？會得出什麼結果呢？你試著在白板上寫看看。』

我為之語塞，只能回答他：『這種事不做做看，怎麼會知道。』

接著，前輩便說：『所以，我們現在才要針對這個調查是想了解什麼，正在討論點子呢！』

這時，我才知道前輩並不是打發時間閒聊，而是在擴散點子。」

雖然我們討論時會閒聊，但並不代表是在談「與主題完全無關的事」。

就像前面說過的，像是東京大學研究所的調查團隊，或者博報堂的新進員工，這些完全不了解博報堂討論磋商「談話架構」的人，他們乍見我們的開會方式時，很容易會把重視擴散更甚於討論的談話，看成是「單純的閒聊」。

這些看起來「像是單純閒聊」的對話，即使發言者是博報堂新進員工，也會與新的發想扯上關係，到底是如何達成的呢？

在下一節中，我們會更深一層地解說其方法。

別馬上挖掘主題，而是探索「主題的周邊」

擴散程序最重要的，並不是「向下挖掘主題（目的、議題、課題）」，而是探索「主題的周邊」。

一開始就想挖掘主題的話，想法一定會變得狹隘。因此，在擴散的程序中，就算乍看是繞遠路也不要急躁，慢慢地把主題周邊徹底摸清楚才重要。

▼隱藏在「完全無關」這句話背後的意義

在我們討論磋商的擴散程序裡，像是「雖然應該完全無關……」或「我也不清楚，但是……」這樣的話語會頻繁地交錯出現。

甚至可以說「雖然應該完全無關」這句話，已經變成博報堂員工的口頭禪了。

在博報堂的討論磋商會裡，接在「雖然應該完全無關」這句話後面的，並不是「真的無關」的話題，而是「主題的周邊」。

一邊說著「雖然應該完全無關」，一邊觀察參與成員的反應，把當次要處理的內容範圍擴展開來，使討論更加擴散。

如果大家會順著此話題討論下去，就表示這個東西「在主題的範圍內」，相反地，如果沒有人要討論，就能理解「這個話題在主題範圍外」。

以下舉出具體的會話例子，介紹一下在實際討論中，是如何使用這句臺詞。

【討論主題】如何才能成為顧客喜歡的汽車銷售員？

員工Ａ：如果不只是單純地展示汽車，而是要讓客人更喜歡我們，該怎麼做才好？

員工Ｂ：請店員熱心地推薦車子，這點還是比較重要吧？

員工Ｃ：但我覺得也有客人不太喜歡人家和他說話呢。

員工Ｂ：的確如此……

員工Ａ：雖然應該完全無關，不過就像我們去寵物店，當小狗被關在籠子裡，就會很在意牠們的種類和價錢，但是當店員把牠們從籠子裡放出來，我們就能用平等的眼光看待，一瞬間就會有「我喜歡牠！」進而愛上那隻小狗的感覺。這是為什麼呢？

員工Ｂ：的確，說不定「眼光和距離」是引發人們感情的重點喔。

員工Ｃ：也就是說，如果我們放置一些沙發，讓客人坐下後，視線可以平視汽車，是不是就能讓客人看到展示車輛，就產生好像看到自己「愛車」的感覺？

在這個例子裡，我們將「雖然應該完全無關」後面的對話縮短了，實際討論時，其實發生持續十分鐘以上的討論情形。

此外，「雖然應該完全無關」這句話可以將主題導向新的點子，但事實上，也經常發生討論十分鐘以上，卻仍然繼續說著「毫不相關的話題」，結果什麼新想法也沒產生的情況。或許應該說，並未因此找到新點子的情況，在比例上占壓倒性的多數。

所以，如果是第一次參加博報堂的討論，就會覺得大家看起來就像不停地「聊天」，因此感到困惑。

與「雖然應該完全無關」意義相同的語句，像是「我只是突然想到……」也常被使用到。

▼丟出「不確定的事」

另一個用來擴散討論的前置詞「其實我也不清楚」，是把「不確定的事」拿出來當話題的手法，也是我們在討論時常用到的方式。

我們來看一下這句話的使用範例吧。

【討論主題】如何提高籃球運動的受歡迎程度？

員工Ａ：在美國，籃球非常受歡迎，可是為什麼在日本卻沒什麼人氣？

員工Ｂ：是因為打過籃球的人比較少嗎？

員工C：可能是沒有什麼受歡迎的選手吧？

全　體：嗯……

員工D：**其實我也不清楚**，不過像夏天的高中棒球賽，為什麼就算是對棒球沒興趣的人，也會跟著起鬨迷上類似「手帕王子（齋藤佑樹）」或「某某君」之類的？

員工A：是因為電視實況轉播的時候，都會特寫選手的臉部吧？

員工B：那麼，棒球可說是「能看清楚球員個人長相的運動」囉？

員工C：既然如此，籃球比賽就是動得太快，所以看不清楚球員臉部，如果有攝影機可以追蹤特定的選手，或許球迷就會增加了呢。

雖然這個例子讓人立刻連結到新的想法，但現實中「不太清楚的話題」持續延伸的結果，並未連結到新想法的情況也是占壓倒性的多數。

像這樣，在討論磋商時，一直說著「完全無關的事」或「不太清楚的事」，接下來氣氛就會變得混沌不清。

一場始終沒有進展的討論，會讓參與者覺得「這樣真的能在預定時間結束嗎？不要緊嗎？」或「兩週後就是展示會了，不趕快寫企劃書怎麼行……」，開始產生不安的心情。

然而，不能因為察覺這樣的「氣氛」，就放棄擴散的程序。因為在這個程序中，混沌是不可或缺的。

所以，最重要的是「不要害怕混沌」。新點子就在那一片混沌的前方，只需要勇敢地突破它。

討論時散發出混沌的氣氛，反而是我們所希望的。甚至，我們認為「沒有混沌，就不需要集合大家來討論」。

在擴散的程序中，要壓抑住「想用最短的距離找出答案」的心情，不妨「脫軌」一下，在離開軌道的同時，讓思考充分擴散出去才是最重要的。

不是隨便亂聊，要為點子畫上「邊界」

雖然想要達到擴散效果，但並不是毫無節制地隨便亂聊。為了在有限的時間裡，有效地產生「混沌」境界，創意的擴散方式便顯得很重要。在這裡，我們以「圓形」為概念，說明把點子擴散的方式。

在博報堂，我們用「三六〇度擴展思考」這句話表現擴散這件事。

擴展想法的作業與畫圓相當類似。

一個圓，會有「圓心」和「圓周」。套用在討論磋商裡的話，圓心就是我們的「討論核心」，圓周就是「點子的邊界線」。如果能夠清楚畫出這兩個部分，參與者就比較容易自由地擴展想法，也易於收尾。

關於「討論核心」與「點子的邊界線」，接著以具體的事例來說明。

▼設定「恰當的」討論核心

首先，讓我們探究一下「討論核心」。

某家牙膏製造商找我們商量——「該如何因應日益升高的商品同質化？」於是，我們舉行了討論磋商會。

所謂「商品同質化」，一般來說，是指與其他競爭公司的商品幾乎沒有差異性，導致價格只能一直降低的成熟市場。只要稍微回想超市或藥妝店販賣牙膏的賣場，就很容易想像這種狀況了。

如果將「該如何因應」這個問題當作討論的核心，如此一來，範圍就太大了，會讓人不知道要從哪裡討論起才好。

因此，博報堂的某位創意人員，就問了客戶以下問題。

「我們家有兩個小孩，每天刷牙讓他們覺得討厭，所以想偷懶。還有，在博報堂的男性員工裡，午餐後會刷牙的人只占全體的十分之一吧。雖然市場已經成熟，但是刷牙這個行為本身卻並仍未成熟，這是為什麼？」

對方沒料到會有這樣的提問，大家便針對問題的原因開始熱烈討論起來。於是，這個計畫的討論核心，不是「該如何因應商品同質化？」反而變成了「為什麼刷牙這個行為還沒有成熟？」

像這樣，事前定好的主題並不一定會直接成為討論核心。特別是「商品同質化」這種外來語名詞，如果彼此對它的定義有出入，之後的討論就經常會演變成牛頭不對馬嘴的事態了。

因此，首先必須讓所有參與者重新審視主題，設好適當的討論核心，這是相當重要的事情。

▼畫出創意邊界線的「最遠競賽法」

找出討論的核心後，接下來就是擴散創意。

只是，就算想毫無限制地擴散創意，也不太能做得到。這個時候最重要的是，為創意畫出邊界線。

先了解「就創意來說，到哪裡為止是有可能達成的？而不可能達成的界線又在哪？」就比較容易提出各種點子。

在這裡我們介紹一個為創意畫上邊界線的例子，博報堂諮商部門的某位男職員實際使用過，這種方法被稱為「最遠競賽法」。使用之後，就能在短時間內為創意畫出邊界線。

某個能源相關企業A公司，在規劃要投入智慧住宅產業時，博報堂曾幫助他們「製作願景」。

智慧住宅，就是利用ＩＴ（資訊技術）管理家庭內能源消費的一種節能住宅。將冷氣、電視、冰箱等家電及照明、廁所、浴室等，利用網路連結起來，以提供符合消費者需求的服務。

上述的那位男職員，他與A公司的負責人開了工作坊，決定思考「將來A公司參與的事業中，最多會涉及到哪些領域」。

將創意當成「圓」，而不是「點」來思考

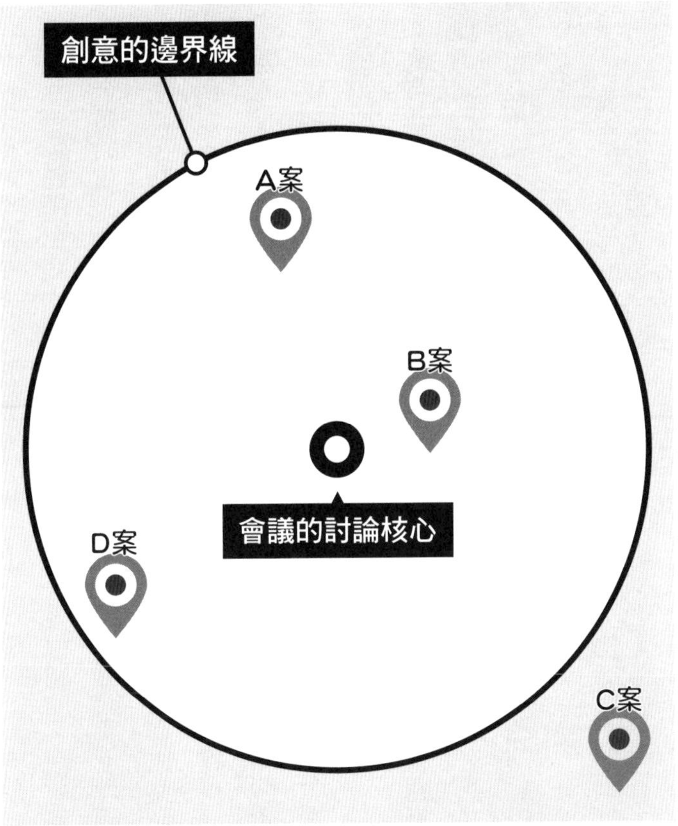

「就創意來說，到哪裡為止是有可能達成的？而不可能達成的界線又在哪？」了解這點後，比較容易提出各種點子。

首先，事前準備好關鍵字卡片，分別在上面寫著「洗衣店」、「飯店」、「農園」、「汽車共享」、「遊戲應用程式」等，與「住宅」並無直接相關的字眼。然後一張一張審視，同時，全體成員一起討論卡片上寫出的領域，公司「可能或不可能」參與。

結果，產生以下想法：「對使用者來說，智慧住宅事業是讓家成為心靈休憩場所的一種服務，所以A公司最多可以做到什麼呢？」「像飯店或遊戲程式等，這種與他人共享的領域應該就沒有可能性。」然後，明確劃分出A公司感興趣的領域。

像這樣，需要超出預期之外的想法時，就先撇開預算或時間等因素，而去思考「最多可以做到什麼地步？」這是很重要的事。

接下來在界線明確的狀況下反覆討論，那麼，不切題的點子就會逐漸減少，也比較容易出現不同於平常的點子。

參與者會在不知不覺間，拿掉原來的想法「框架」，這也是讓創意拓展到邊界極限的好處。

討論的基本守則：將意見或點子全部提出

博報堂有一個口頭禪叫做「On the Table」。意思是在擴散的過程中，要把想到的點子全部傾囊而出。

在第一章，我們曾說過「人很容易在無意識中對點子做出取捨」，但是除此之外，還有另一個阻礙我們提出點子或意見的因素，那就是「看場面氣氛說話」。

▼去除妨礙點子擴散的「場面氣氛」

「要是我在這個時間點說出意見，會不會讓前輩覺得我這個年輕人很狂妄？」

「提出與上司相反的意見，會不會傷害他的感情？」

「對其他部門的人說出意見，會不會讓他們覺得我多管閒事？」

像這樣的例子不勝枚舉，尤其日本人大多都有看場面氣氛說話的傾向。尊重對方的立場，以及體貼對方的心情當然很重要。但是，彼此之間過度看場面說話，便會成為妨礙擴散的重要原因。

特別是資淺員工，由於太在乎前輩或上司的眼光，經常無法說出自己想說的話。博報堂的員工充分理解這一點，因此在討論的時候，會議主持人或上司、前輩等，都會頻繁地呼籲大家：「有意見的人請自由發言沒關係喔！」或「有人還沒說出想說的話嗎？」。

資淺員工因為缺乏經驗與知識，往往容易說出偏離重點的發言。但是在擴散的程序中，這種看似脫軌的意見，反而有可能出乎意料地成為討論的突破口。

會議主持人該懂的事：兼顧氣氛和會議流程

一般的會議，大多都是由上司、資深員工或計畫的小組負責人來主導流程。

但是，博報堂的討論磋商會裡，卻常有資淺員工負責擔任會議主持人。因此，員工們大多很習慣主持討論磋商會。

有過一次主持的經驗之後，就會開始注意討論時的氣氛與流程。如此一來，當自己以參與成員的身分加入討論時，就會懂得留意整體氣氛與流程來談話。

▼讓討論磋商會順利進行的五大要點

負責擔任主持工作時，必須注意以下五個要點。

一、預留「個人的思考時間」

我們的討論磋商會有一條規則是「禁止空手而來」。當場才突然給大家題目，其實不太容易出現好點子，因此，必須要有讓點子事前「發酵」的時間。

有時候，在搭電車或睡覺前會突然湧現靈感，因此資訊（客戶要求的內容）必須早一點發給成員們，讓每個人在開討論磋商會之前，都能擁有「在腦海裡思考的時間」。

二、聚集看法迥異的成員

如同前述，「擴散」是討論磋商的關鍵。最好聚集不同類型的成員，比較能夠從各種觀點提出意見或點子，引發討論的擴散，如此一來，也可以創造出容易產生新想法的環境。

三、控制發言的時機

主持會議上手之後，就會連「該讓誰在什麼時機發言」都能顧慮得到。

某個行銷部門的管理職員工說，他會按照參加者的類型，區分他們發言的時機。

例如，「議論型的人」就適合負責找出問題點，但他們不擅長解決，所以要讓他們早點發言。

另一方面，「擴散型的人」雖然常說出無法切中主題的話，但是會引導出意想不到的點子，因此不太需要限制他們發言。此外，面對「慎重型的人」，則是要在觀點被提出之後，看時機把問題丟給他們，問他們「覺得如何？」通常這類型的人都會有冷靜敏銳的意見，因此，需要特別看重。像這樣，看清楚每個人「各自出場」的時機，是十分重要的事。

四、第一次討論之後，要大略地分派任務

討論磋商並沒有特別設定次數，但大抵上是三至四次的情況居多。

因此，在第一次討論結束時，參與成員的腦海中，如果出現「覺得往這個方向好

像會有解決方案」的共識時，就能夠把「那麼你就從這個方向挖掘，我就從那個方向挖掘」，或者「我會用遠一點的角度來看，那麼你就從近距離來看」像是這樣的任務分派給大家。

五、主管必須準備多種點子

關於這點，與其說會議主持人必須留意，不如說主要是提醒主管或領導者。特別是領導者，更應該注意自己提出的點子的量，需要好好準備。

年齡愈長或職責愈大，就愈容易養成「高高在上」的態度。在博報堂，貫徹了「創意之前人人平等」的創意至上主義，即便如此，主管說出的話還是會影響所有人，像「主管說的話就是結論」這類的壓迫，並不見得完全不會發生。

對部下來說，主管的話語很難抵抗，因此，如果主管只提出一個創意案，很可能就此變成結論了。所以，身為主管或領導人，更應該率先提出多種點子。

掌握收束時機，不妨讓討論終於「曖昧」

在擴散的程序中，從各種角度檢討點子的創意之後，就進入收束的程序。「收束」程序是將零散的點子做出選擇取捨，整理出幾個方向（統整有關聯性的點子）。

▼進行「收束」的時機

從「擴散」移往「收束」的時機，並沒有特定的標準。只有這一點，是完全憑參與成員們的感覺，決定是否「繼續往下挖掘這個點子」。

即便如此，若非得舉出一個收束時機之標準，那應該就是視參與成員討論的熱烈程度。

在擴散階段時，沒有贏得熱烈討論的點子，在收束階段同樣不會有人熱烈討論，因此，擴散的程序也就是「可供熱烈討論的素材的搜尋時間」。

必須留意的是，如果某個點子，在參與成員中有三人以上熱烈討論，就值得向下挖掘。因為除了提案者以外，同時有兩人以上覺得不錯的點子裡，經常都會隱藏著新的發現。

▼不要輕易做出「總結」

除了閒聊之外，一般的討論磋商會與博報堂討論磋商會，還有其他重大差異。那就是討論的「結束方式」。

博報堂的討論磋商會，經常讓「到底決定了什麼、什麼還沒決定」在曖昧的狀態下結束。

從各種觀點將話題拓展開來後，就會產生「這個部分似乎有可能性」或「雖然不清楚原因，但總覺得怪怪的」之類的感覺。

這種時候，我們不會勉強一定要當場引導出答案，而是會暫時「休眠」。

一般往往會覺得「既然開了會，每次都一定要有結論才行」或「沒有結論的討論會就是浪費時間」，不過，我們並不會勉強做出結論。

「好，那就先這樣吧。」我們經常一邊這麼說著，一邊結束討論會。其實，並不完全明白結論是什麼，但還是先暫時結束討論，留待下次繼續。

因為在下次討論前，我們會先休眠一下。於是，與主題相關且已輸入大腦的東西，就會在下意識中被整理出來，有時突然靈光一閃便出現新的創意，或是發現突破的契機。

要是太過集中在某個主題或點子上，視野反而會變得狹隘，可能因此使創意品質變差。

因此，暫時放走點子、忘記它、休眠、擱置等，都會引發能客觀審視這些點子的效果。

COLUMN

討論磋商就像是「米糠醬」

博報堂常務董事
執行創意總監

北風勝

廣告生涯始於現場直播的新聞性節目，擔任廣告規劃師，接著又有電臺廣告、平面廣告文案等經歷，最後成為電視廣告創意總監，獲得許多日本國內的廣告獎。更進一步將活動觸角擴大到數位領域後，獲得許多各領域的國際廣告獎。二〇一二年，他帶領博報堂獲得亞洲第一個「全球數位互動廣告領域獲獎最多的代理商（The Most Awarded Agency in the Digital World）」（全球創意報告《The Gunn Report》）。興趣是書法、油畫、陶藝等古典事物。

▼意想之外的創意就在「米糠醬」裡

我在博報堂已經工作三十年以上了，由於看過各種討論磋商會，因此非常清楚討論的結果，會因為討論方式不同而有所改變。

但是，我從來不認為我們的做法「很厲害」或「很特別」，也不覺得這就是「公司的風格」。

如果要說博報堂討論磋商會有什麼特徵的話，那就是我們的討論有著豐富的變化，而且「沒有固定形式」。

所以，討論磋商會中經常閒聊，而且不成個樣子又混沌不清，我個人覺得就像是一缸「米糠醬」。

我們的討論既沒有效率，也不合理。就像是把手伸進「米糠醬」裡，滿手攪得黏糊糊的，一面在裡面尋找「好吃的醬菜到底在哪裡」的那種感覺。

▼如何將摩擦能量發揮到最大化？

與一般會議不同，博報堂的會議有目的是共享資訊的「資訊分享會議」，以及讓A與B撞擊之後，產生C的「想像（創造）力會議」這兩種。

後者的「想像力／創造力會議」，便被稱為「討論磋商會」。

「想像（創造）力」，可以是意味著「imagination」的「想像力」，也可以是代表「creative」的創造力，而博報堂一直都在進行「想像（創造）力會議」[1]。

我們認為，想像力與創造力是透過討論發現的。說起來，這也算是「想像力（創造力）資本主義」。

想在討論磋商的現場，發現想像力或創造力，前提是「參加成員必須在事前徹底思考過」。

如此一來，大家會帶著創意、結論和解決方案而來，彼此互相激盪想法，讓討論磋商變得混沌不清，甚至一團亂，然後引發所謂的「摩擦能量」。

我認為，如何將摩擦能量發揮到最大化，正是團體創意的基本。

如果什麼都沒準備，手無寸鐵地參加討論，那就真的只是來閒聊而已。來到討論磋商會，一定要帶著武器（點子）來。刀光劍影撞擊下，才會產生火花，相反地，不帶任何武器來，自然不會有摩擦。

▼領導者一定要準備得最充分

特別是與年輕人開會、擔任會議領導者時，我都會覺得「在開會前，一定要比任何人想得更透徹」。然後，自己在心裡先有個「用這個點子去做吧」、「用這個方法解決吧」的結論。

但是，必須盡量不把這個結論說出口。因為領導者要是先說出了結論，很容易最後就照著你的決定進行。

---

1 在日語中，「想像」與「創造」二詞發音相同。

一旦開始討論磋商，我就會觀察「有沒有出現比我更好的點子」。如果出現了更好的點子，便加以採用。不過，最難的就是沒有出現更好的點子的狀況。

即使沒有更好的點子，這種時候我也不會立刻說出結論。

我會去尋找「與我意見相似的成員」，然後問他們：「可以說清楚你提的意見是什麼嗎？」或「你的點子是不是這個意思？」然後誘導當事者發想，也就是把我的觀點移植到他人身上。

就結果而言，雖然與我想的點子很類似，但該成員會覺得是「自己的點子被採用了」，如此便能夠提高下屬的士氣。

▼意見撞擊之下，劍拔弩張是必然的情況

我認為「討論應該是快樂的」，所以開會時都會準備點心，而且也很鼓勵大家閒聊與說廢話，即便如此，當意見互相撞擊時，氣氛難免變得劍拔弩張。

不過，我認為「即使氣氛有一點糟，也沒關係」。

優秀的成員們彼此衝撞，從這之中產生的險惡氣氛，完全不是問題。那正好證明摩擦能量變大了，經過一段時間，自然會消散，所以沒有必要勉強安撫。

重點不在於讓討論會圓滿、讓大家保持良好情緒，而是要發現想像力與創造力。討論白熱化反而是件好事，讓摩擦能量徹底釋放，就是領導人的任務。

第 3 章

博報堂的「說話」與「問話」六大守則

稍微改變說話方法，討論品質就會大幅提升

到目前為止，本書已經解說過討論磋商的方法。

另外，談到博報堂的討論磋商時，還有一件事是不可欠缺的，那就是「說話」與「問話」的守則。

這些守則不只用在討論磋商的場合，也已經滲透到整體的日常溝通當中，可以說完全就是博報堂內部溝通的基本守則了。

▼溝通的六項基本守則

遵守「說話」與「問話」的基本守則，並經由前述的四個程序，將討論磋商會依序推進，就能更進一步提高討論的品質。

關於博報堂的討論磋商方式，有以下六項守則。

- 守則一：一面說話，一面把點子寫在紙上
- 守則二：區分出「點子」與「概念」
- 守則三：不要提「原則」或「應不應該」
- 守則四：拋接「不相干」的對話
- 守則五：無論什麼意見，絕對不去否定它
- 守則六：試著肯定一次「別人的點子」

接下來，我們馬上就一一解說這些基本守則吧。

守則①

一面說話，一面把點子寫在紙上

博報堂總公司有超過二百間的會議室。

大多數的會議室裡，都放置著A4影印紙和簽字筆。理由就是，為了讓大家把討論中出現的點子或意見寫在紙上。

▼透過「手寫」引發的三個效果

只要把點子寫在A4影印紙上，就能發揮以下效果。

- 用手寫的話，會有一種未完成感、尚在點子階段的印象，成員就能比較容易說出意見。
- 書寫空間比便條紙大上許多，也可以加上圖片。利用圖片來表現，更方便與他人分享想像中的樣子。
- 在大張的紙上以大字書寫，讓發想更容易擴散。

此外，事前準備好點子，有助於將蒐羅到的點子分組。基於這個理由，博報堂的特徵之一，是許多員工會採用「一張影印紙寫一個點子」的方式，帶著這些寫上點子的紙張來開會。

▼把「個人的點子」變成「大家的點子」

在博報堂總公司，會議室的牆壁幾乎全都設置了白板，以便於討論時，把意見直接寫在牆上，或者把寫在紙上的點子貼上去。

為什麼要把點子寫在牆上，或貼上寫了點子的紙張呢？

因為這種方式，能讓所有參加討論的成員共享資訊。

此外，還有一個效果：在無意間，讓參與成員把「個人的點子」轉換成「大家的點子」。

要是只用口頭說明，一旦有人批判某個點子時，對提案者來說，可能會感覺似乎連自己的人格都遭到批判似的。

不過，如果是寫在紙上再貼於牆面，就算有人提出意見，也是直接針對該點子，當事人就能坦然接受，同時可以客觀地重新審視自己的提案。

就算能夠理解以團隊力量產生新創意的重要性，但人們一定還是會對自己提出的點子，抱持特別的感情或個人的堅持。所以，透過把點子貼在牆上的行為，就具有能夠整理這些心情的效果。

此外，在紙上書寫點子後，必須採用「不記名」的方式。

這樣一來，就不需要看上司或決策者的臉色，可以自由地提出意見，由於已經消弭「這個點子是誰寫的」的觀點，因此能夠針對點子本身，提供更客觀的評價。

▼提高視線，使討論氣氛更熱絡

一般的討論磋商會是將資料發給與會者，或者大家各自盯著帶來的筆記型電腦螢幕，所以參與成員的視線往往是朝下看的。

然而，藉著將意見或點子貼於牆面，參與成員的視線自然會移到牆上。

這麼一來，比較容易讓大家提高視線，並且從中得到意想不到的效果。

不可思議地，當視線變高了，參加會議的成員面對「討論」的態度，似乎也會變得積極，討論氣氛更加熱絡。

因此，建議各位讀者不妨多加利用這個方法。

守則②

區分出「點子」與「概念」

在需要提出各種創意的討論磋商會上，參加的成員們會各自準備好事前想到的點子。而且在博報堂，還會以「誰能奪取海灘旗」的感覺進行討論磋商會。

雖然到目前為止，我們一直都說「博報堂是用團隊力量產生新的發想」。不過，大家對於「搶海灘旗」這件事的印象，或許會認為，比起團隊力量，似乎更接近個人的力量吧。

其實，博報堂員工瞄準的「旗子」，並不是點子，而是概念本身。

▼把「競爭」變成「共創」

在第一次的討論磋商會中，最重要的不是創意本身，而是「決定概念」。博報堂的成員們就是抱持這種共同的認識，在進行會議。

例如，假設討論主題是：請思考並提出以「提高員工團結力」為目標的公司內部活動。這時有三位員工提出了下列的點子。

A：舉行保齡球大賽，大家一起熱鬧一番。

B：帶著家人一起來烤肉，讓大家更加親近和睦。

C：每個人帶一本推薦的書籍來，放在辦公室的書架上。

像這種時候，我們討論的不是「採用哪個提案」，而是「這些提案背後的概念是什麼」。

點子的背後，都有提案者各自考量的「目標」。

例如，在上述情況下，C的提案「帶推薦的書來，放在辦公室的書架上」，這個想法的背後，看準的目標就是要了解同事在工作以外，私人時間的興趣與關心的事情，這樣一來，同事間要談話就容易多了。

這次的主題是「提高員工團結力」，因此，比起只是打保齡球或烤肉炒熱氣氛，C的提案或許更有效果。

如此一來，這次公司內部活動的概念，就變成了「了解同事的為人」。

而且除了「帶書來」之外，應該會引發更多可以了解一個人的點子。運用C的概念，同時以此為基礎，再次提出新的點子，出現的創意就會全然不同。

必須記住，想努力取得的並不是「點子」，而是「概念」這個層次的旗子。

讓具體的點子與抽象的概念一來一往，像這樣的發想法，是博報堂職前研習的KJ法裡，也會使用到的創意發想的基本規則。

特別是第一次的討論磋商中，傾聽者與提案者都要區分出「點子」和「概念」，並由此來思考，才會真正帶來幫助。

守則③

不要提「原則」或「應不應該」

「對公司來說，應該要〇〇才對。」

「基於原則來思考，應該要〇〇才對。」

在我們的討論磋商中，像這樣說出「應該要〇〇」的表現是不恰當的。我們會要求參與成員，一定要「用自己的話說」。

▼用「自己的話」表達，而且要放下頭銜

所謂「自己的話」，就是「坦率地表達自己真正的想法」。**討論磋商最重要的，就是參與成員彼此得說出「真心話」**。

別站在「以公司立場來說『應該』怎麼做」的角度，而是考量消費者的想法，像是「如果真的有這種東西，我會想買！」或「我想要做這樣的事！」

如果用上述的「應該論」來思考事物，很容易陷入「刻板印象（套入既定的思考形式）」，而且當大家「做自己想做的事」時，才能提高個人與團隊的熱情。就結果來說，創意的品質也會提升。

「依部長來看，這個案子您認為如何？」

「以業務的角度來看，覺得如何呢？」

在討論磋商的時候，像這樣搬出頭銜或部門名稱，也是不適合的說話方式。與年齡、性別、職務、角色、立場等無關，每個人都應該站在平等的立場來討論。如果抬出頭銜或部門名稱，參與成員無意間就會互相牽制，容易產生無謂的客套。

而且那樣的氛圍會成為妨礙熱絡討論的因素。撤除上司與下屬，以及部門間意識的藩籬，創造「可以放心、自由地說出意見的場合」，是博報堂最看重的事。

守則④

拋接「不相干」的對話

在博報堂的討論磋商會中，就算對方「說出意想不到的意見」也沒關係。我們大多數的成員，反而樂於接受這些意見。

試著回想一下，一般發想點子的討論會中，是不是以「Yes or No」的直線型溝通居多呢？像是：

「你覺得這樣的點子如何？」

「不太對啊……」

「那個點子怎麼樣？」

「嗯……好像也不太對。」

「那，這個呢？」

「似乎也不太好……」

如果用棒球的傳接球來形容上述對話，就像是想把球投向對方胸口般的感覺。這種對話持續下去的話，期望思考出正確答案的意識，就會愈來愈強烈，思考的幅度會跟著愈來愈窄，導致提出的想法都無法從既定觀念的束縛中掙脫。

相較之下，博報堂討論磋商會中的對話，就會頻繁地出現讓對方放下「捕手手套」的發言方式。

這並不代表我們沒有傾聽對方的話。反而是為了在對話中產生新想法，所以慢慢地試探對方可以接到球的範圍有多大。某位行銷部門的員工，將此稱作「調整範圍的作業」。

▼不妨試著「拋下」，才能拓展想法的幅度

以下用具體事例來說明吧。

一位男性員工要參與某家電製造商的創新推展事業部的企劃。在尚未決定具體內容的階段時，他與身在同一個企劃的前輩閒聊。

大多數人都會認為，對話的開頭應該是「為了有所創新，具體來說，應該要有些什麼措施呢？」但此時，這位前輩丟出來的第一個問題卻是：

「某個泡麵品牌，在泡麵中間設計了一個凹洞，馬上就暢銷起來。你覺得這是創新嗎？」

該名男性員工覺得很疑惑，為什麼前輩不是聊「與家電製品相關的事」，而是突兀地提出「與泡麵相關的問題」？

後來兩人的對話如下。

「這並不是從頭開發一個全新的商品，應該不算是創新吧？」

「但因為設計了凹洞，成功地使商品更加普及，所以應該是創新吧。」

透過各式各樣的意見，而使得他與前輩能夠對原本感覺曖昧的「創新」一詞有了共識，對後來的企劃也很有幫助。

該名男性員工回顧這段對話後，便告訴我們：有時「拋下」與主題相關的對話，說不定就能調整彼此思考方式的「範圍」。

如果說，一面思考「對方希望的是什麼樣的東西」而展開對話，算是「猜測正確答案的溝通方式」，那麼調整範圍的作業，或許可說是「大膽地不去猜測正確答案的溝通方式」。

調整彼此的「思考範圍」，拓展想法的幅度絕對是件好事。所以，博報堂的討論磋商會，才有這樣的對話守則。

守則⑤ 無論什麼意見，絕對不去否定它

在討論時，成員們提出的意見，無論多麼細微都要保留起來。只是這麼一個小動作，就會使大家提出的點子或意見開始增加，讓討論現場立刻活絡起來。

當自己的意見受到批評之後，當事者就會退縮，即使接下來又想到新的點子，往往也沒有辦法說出口了。

因此，需要提出點子創意時，必須讓所有成員覺得「自己的意見受到重視」，這是至關重要的事。

▼為什麼對方與自己意見不同，也要先「附和」？

每次有人提出點子時，就要認真地接受，可以說「真有意思」或「好像有戲唱」等話語，表現出認同的感覺。

假設對方的提案讓你覺得「和我不太一樣」，也絕對不要否定他，應該暫時接受。因為如果否定對方，討論就會變成不是「進行對話拋接的場合」，而成了「分出優劣勝敗的躲避球賽」那樣的狀態。

在討論時提出的意見或點子，在某種意義上，都是「正確答案」。

因為博報堂網羅了價值觀不同、各有所長的人才，所以意見不同乃是理所當然。「原來如此，也有這樣的意見啊！」抱持著自然接受的態度很重要。

就算是很奇特，或者覺得與主題並不相關的點子，也不會劈頭就否定對方。

當不同的意見出現時，若能以「為什麼他和我會有不同的想法呢？」「為什麼這個人會這麼想呢？」這樣的觀點來思考，就會更容易出現新的發想。

守則⑥

試著肯定一次「別人的點子」

「既然如此，那這樣應該也可以吧……」

「啊！這使我想起了……」

在我們的討論磋商中，上述對話會頻繁地交錯往來。

我們十分推薦這種方法：當其他成員提出點子或說出意見時，總之，就先用這幾句話搭個便車。

掌握對方丟出來的話題，再接下去說，然後讓它擴展出去。這麼一來，就能加快討論的發展速度。

▼在別人的點子上，加一點「料」

雖然是以「搭別人意見的便車」為前提，不過，如果光是在一旁叫好、炒熱氣氛，那就變成只是遷就別人的意見而已。

因此，**當自己與對方的意見不同時，暫時表示贊同且接受之後，接著就必須在回應時，再稍微變更內容。**

例如，先表示「你說的沒錯」，接著再說：「不過，你覺得是不是也有這種可能性？」或者對他人的意見表示贊同之後，再回答：「那當然可以，不過可能也有這種看法吧！」

不去否定對方，並且接受對方的意見是有必要的，但若只是一味接受，討論就無法活絡起來。接受之後，試著改變角度再丟回去，這點相當重要。

所謂「先試著贊同別人的意見」，基本上是「先接下別人丟過來的球」。成員當中也會有「自己不明白的事就不開口（只談自己懂的事的人）」。

然而，如果大家光是說「這個我不太明白」或「那個不在我的專業範圍」，就結束掉對話，實在非常可惜。

對於「不太清楚的事」或「自己也不太懂的事」插嘴，或許會讓人覺得沒有責任感，但是就如同前面解說的，聊聊「自己不太明白的事」，便可以期待有擴散討論的效果。

COLUMN

討論磋商必須是「經常說真心話的地方」

博報堂品牌設計年輕人研究所負責人

原田曜平

一九七七年生於東京都。慶應義塾大學畢業後，進入博報堂。先後任職於博報堂戰略規劃局、博報堂生活綜合研究所、研究開發局，同時是多摩大學兼任講師。二〇〇三年獲得JAAA廣告獎、新人部門獎。其專業是研究年輕世代，也參與針對日本與亞洲各國年輕人的行銷及以年輕人為取向的商品開發。二〇一四年四月起，開始在日本電視臺的晨間新聞節目《ZIP！》，擔任週五的固定來賓。著作有《叛逆青年經濟消費的主角與新保守階層的真面目》(幻冬舍)、《無欲世代：不騎贓車的年輕人們》(角川)。

▼提供大家不知道的資訊，給予新的觀點

我從某個時期開始，在公司裡似乎就被當成「特殊人類」來看待。要說哪裡特殊，應該就是我成了「年輕人研究專家」。

我認為「廣告代理店不需要專家」，卻不知在何時變成專家，就算參加討論磋商會，即使不是腦力激盪時，也總是被當成專家，經常被詢問：「原田先生你認為如何？」「現在的年輕人在想什麼？」這些問題。

其實，我屬於喜歡與大家混在一起、嘰嘰喳喳的類型（笑），卻在不知不覺間，就變成意見領袖了。因為大家會認為「既然年輕人研究專家都這麼說了，應該是真的吧！」而且，特別是對客戶而言，我有時也擔任「提供意見」的角色。

我在溝通的時候，會特別注意幾件事，**首先是「提供大家不知道的資訊」**。

這幾年來，我獲得上電視參與演出的機會，這是一般上班族體驗不到的經驗，因此，有時我會告訴討論的成員們，「其實電視製作人是這麼想的」或「演藝人員有這

樣的一面」之類的媒體內幕。

即便是博報堂媒體部門的人，有時候也不了解實際的電視製作現場，所以我便會提供「旁人不知道的事」，而這麼做，很有可能就會連結到新鮮的點子。

第二，是「不妨說出極端的話」。

我創立的「年輕人研究所」中，約有一千位大學生，我們稱其為「現場研究員」。在這個單位中，雖然有「與企業一起思考新商品的概念」之企畫，但是現場研究員的點子範圍較狹隘，經驗值也少，因此，視野也會愈來愈窄。

這時候為了不讓他們退縮，我會故意抛出「極端的事」或「很難實現的事」。例如，「能不能製造出方向盤在正中央的汽車？」或者「要不要把小賈斯汀請來？」等。

前一陣子，我和青山學院大學田徑隊的原晉教練合著《如何帶出「寬鬆世代」的成長力》（講談社），透過書中對談可以得知，原教練培育年輕人的方式，就是與學生們討論「大夢想」這件事。

在獲得箱根接力大賽三連霸之前，教練就一直告訴學生們：「青山學院大學會四連霸的機率，肯定有一五〇％！」來替他們畫大餅。

學生們因此逐漸當真，最後，開朗而自由地跑了起來。我認為使青山學院大學強大起來的，就是原教練給了學生們「大夢想」的緣故。

▼親密熟稔的閒聊，並不會激盪出點子

接著，第三個要點是「不說謊，說話要真誠」。

我和搞笑組合 WOMAN RUSH HOUR 的村本大輔相當要好，我從他身上學到了「真誠的重要」。村本雖然被稱為「失言惹禍藝人」或「下流角色」，即便如此，他仍然擁有非常熱情的鐵桿粉絲，原因就是他率直到近乎純粹、非常真摯。

我認為在討論磋商的場合中，坦白說話會「比較有效率」。如果說謊，或者表面上粉飾太平，有一天或許會被拆穿，甚至發展成糾紛。既然如此，一開始就以開放的心態來應對，坦白說出意見不合之處，互相衝撞，這樣反而比較不需要繞遠路。

最後，就是「不需要親密熟稔的閒聊」。當討論停滯，或是失去方向性的時候，

就改變談話方向，以便提高成員士氣，像這樣的閒談就很不錯。但是完全沒思考過，單純聚在一起關心彼此「最近好嗎？」像報告近況這種程度的談話，對討論磋商來說，並沒有意義。

討論磋商是「專業夥伴們」聚集的場所，需要有某種程度的緊張感，才不會拖拖拉拉，大家開會時的心情也會比較好。

第 4 章

最棒的討論
就從「最高的閒聊」開始

獨特的商業禮儀，討論就從「閒聊」開始

第二章曾提到，在博報堂的討論磋商會中，頻繁出現閒聊的狀況，主要是在討論的「開頭」與「擴散」這兩個階段。

前面章節已經介紹過「擴散」程序中的閒聊，因此，這裡我們主要想談談在討論「開頭」出現的閒聊。

這次為了撰寫本書，我們不只談論行銷或創意部門，也訪問了人事、法務、會計等總公司本部的討論磋商方式，發現事實上博報堂的大多數員工，都有意識到討論開頭的閒聊。

▼開場的閒談是博報堂的商業禮儀

進公司第三年的年輕行銷人員說，當他還是新進員工時期，就上過博報堂的商業禮儀研習課程，至今仍記憶猶新。

與其他企業相同，博報堂的員工在一進公司後，立刻就會上研習課程，學習交換名片或打電話等基礎的商業禮儀；最後還會有關於商業禮儀的答題遊戲。

題目就是「開會遲到也沒關係」或「在SNS上談業務的話題也可以」之類簡單的是非題而已。那位行銷人員看到「討論磋商時從閒聊開始比較好」這一題，很有自信地回答「×」，沒想到正確答案卻是「○」。

竟然有公司鼓勵大家在開會討論時，一開場就先閒聊，這點讓他非常驚訝，所以至今仍記憶鮮明。

我們不確定在過去時間充裕的年代會是如何，但是現今重視的是生產性與效率。

而博報堂也認為「拖拖拉拉的長時間會議是浪費時間」。

一般的想法都是「如果不閒聊，會議時間能縮短，生產性就會提高」，但我們對閒聊的看法卻不一樣，應該可以說「恰恰相反」。

「就算削減討論的時間，還是要有閒聊的階段，結果才能提高生產性。」

「討論中彼此閒聊，產出的品質比較高。」

為什麼我們會這麼認為呢？這是因為我們由經驗中得知，新想法大多是從與主題沒有直接相關的「閒聊」中誕生的。

為了提高生產性與效率，反而不應該「消滅廢話」，而是大膽地在有限時間內，有意識地保留「覺得無用的閒聊時間」，藉此產生新的發想。

▼被閒聊滲透的工作現場

在訪問中，我們發現就算是人事處、總務處、法務處等管理部門，大多也是先從閒聊開始，等場子暖起來才進入主題。

某位人事處的男性職員說：「博報堂的員工在剛進公司時，就已經把一面閒聊、一面工作視為理所當然了。」

該員工在新人時期被發配到業務部門，懷著不安坐在桌前工作，後來聽到上司一直說些無聊的笑話，當時受到很大的衝擊。

那似乎是一位總愛說些「歐吉桑冷笑話」的上司，例如，用部門員工聽得到的音量說：「某某某，那個，你今天也是氣噗噗地工作。不過還早還早，要做的事情養樂多多啊！該做的事情堆得像富士山一樣高啊！」大家聽完，就會忍不住噗嗤一笑。

當時這名男性職員很驚訝，覺得「這家公司在工作中講這種無聊話題，大家還這麼開心，真的沒關係嗎？」但是上司好幾次反覆說著同樣的笑話，讓他也開始跟著歡樂起來，心態變得更正面積極，覺得自己似乎能在工作上繼續努力。

雖然博報堂並非都是這樣的上司，但是從進公司開始，員工們就身處在「講廢話也ＯＫ」的環境裡，因此，已經把邊聊天、邊工作視為理所當然，並且深受感染。

該位員工在轉調到人事處後，以十五或三十分鐘為單位的會議增加了，但就算是短時間的會議，大多也是先由閒聊開始緩和氣氛。

在會計部門擔任管理職的一位男性員工覺得：「就算是高層董事聚集的會議，現場的氣氛也很柔和。」

該部門會定期舉行董事會議，向高層董事們報告相關數字。即使是這樣的董事會議，在博報堂也是從閒聊開始。通常都是閒聊幾分鐘之後，大家才認為「好，差不多該開始了。」再進入會議主題。

該員工表示：「也許我這麼說有點超過，但是博報堂的會議真的很平等，有一種『朋友同伴』聚集在一起的氣氛。」

由此可見，博報堂不只是產出創意的討論磋商會，管理部門的會議中也進行著「閒聊」，究竟這有什麼樣的效果呢？

如果說閒聊的目的只有「放鬆」的話，那麼，與相知甚深的同事之間的討論磋商，就沒有理由一定要閒聊。不只是和客戶討論，就連在總部也很重視閒聊，這樣的事實背後有著超越「放鬆」的效果。

接下來的篇章，我們將介紹透過此次訪問，歸納出在討論開端進行「閒聊」的四個效果。

閒聊是「說出真心話」的準備動作

博報堂鼓勵員工在會議一開始就閒聊的理由，其中之一就是：這是為了讓與會者「說出真心話」的準備動作。

在我們公司，會用「脫內褲」來比喻說真心話這件事。

在互相激盪點子的討論會中說話，是一件令人覺得不好意思的事。

特別是在首次的討論磋商會中，一旦要對著所有參加的成員說出自己想出來的點子，或者要對其他成員的提案發表意見時，這種感覺就如同是「要在人前脫褲子」般的害臊。

「討厭被否定」或「要是說錯話就很丟臉」，只要這麼一想，就會在意周圍的眼光，因為猶豫而不敢說出真正的想法，不由得就裝酷說出一些「場面話」。

因此，這時要利用閒聊來卸除「羞恥感」，擺脫心理上的障礙。

為了「脫內褲」，就必須先「脫外褲」。討論一開始就要馬上「脫內褲」，當然會讓人覺得很羞恥，如果先把外褲脫了（先閒聊一番），慢慢習慣現場氣氛之後，就可以把自己的想法完全說出來了。

所以，閒聊就是會議中「脫內褲」之前的最佳準備動作。

「平頭式的空間」才能讓員工勇敢發言

如果只重視效率，盡量「不說多餘的話」，現場氣氛容易變得僵硬，特別是年輕員工就會閉嘴不說話。

對新員工或是年輕員工來說，在討論的時候，說出自己的意見很需要勇氣。尤其工作還沒有完全上手，也可能跟不上討論的內容。因此，當被問到「有什麼意見嗎？」也會感覺很害怕吧。

不過，若是閒聊的話，資歷淺的年輕員工也可以參加。**在討論的開頭或中途摻入閒談，便能緩和緊張感，創造出「無關年資或職位，可以自由發言的場所」。**

▼讓參加成員的視角能夠一致

一位隸屬於行銷部門的男主管認為「想提高討論磋商的品質，重點在於創造讓年輕員工也能提出好點子的氣氛」。

要創造平頭式的空間，讓年輕員工覺得「某某部長也會聽我們說話」。為此，主管要留意將視角向下調整。

說真的，主管也會有跟不上年輕員工閒聊的時刻，這時就應該開口問年輕員工：「那是什麼？」請他們說明。

「歐吉桑不會知道什麼是『ONE OK ROCK』（笑），不過只要你聽年輕員工說他們想說的話，他們就會很開心，也會覺得安心。」因此，這位男主管會主動在討論的開頭，與年輕人聊天。

此外，法務部門的一位女經理，設下了部門獨有的規則，很積極地說一些「無關緊要的話」。

這位女經理有六位部下，她說她的部門一直都遵守著某個規則前進。

「一開始的五分鐘是『破冰時間』。每次都轉輪盤選出主持人，由他來決定像是『最近看了什麼電影？』或『暑假去了哪裡？』等的問題，讓所有成員來回答。說些無關緊要的話，將氣氛炒熱之後，就和所有公司部會進行同樣的流程，報告業務內容、各項重點，然後讓其他成員發表意見。

此外，在業務報告後，每次都有不同主題的自由討論時間。例如，『網路與著作權』的主題，有時候會利用ＫＪ法，讓所有參與成員彼此提出意見。」

一開始先閒聊，之後再進行業務報告或討論，因此成員們的發言會更接近真心話，現場也變成平頭式的氣氛。

該位女經理特別注意的，是「讓所有人都能公平發言」。

她說自己年輕的時候，屬於比較內向的類型，常常過度揣測「我這麼說會不會破壞氣氛」，因此就算有想說的話也說不出口。結果往往就是，話多的人或強勢的人，他們的意見比較容易被採用。

因為自身經驗的緣故，當她成為經理之後，便覺得「要讓那些內向的人，以及所有人都能公平發言。」

對新進員工來說，與主管之間有著年齡差距，甚至有些主管和自己父母的年紀相近，當然就會覺得緊張，而不太敢和主管說話，或者抱持「提出這個問題不知道好不好？」的態度，導致無法開口發言。

所以，上述這名女經理一直很注意，會自己主動把視角向下調降。召開部門會議時，一定會先為現場氣氛破冰，在業務報告的途中也會積極介入、打岔，這些都是為了創造「能公平說話的氣氛」。

卸下個人形象，用閒聊拋開立場

閒聊擁有讓人在討論中容易說出真話的效果。具體來說，我們發現它可以解除年輕員工的緊張感，以及比較能讓人「拋開羞恥心」。

另一方面，閒談對資深員工也十分有效。資深員工對於在討論磋商會上發言，並不會有「緊張感」，但是會出現長年經驗造成的「立場與角色」僵化。

在討論的開頭，**若能透過閒聊達到「丟掉立場與角色」的效果，也就更容易從資深員工口中，引出他們的真心話。**

一位隸屬於人才開發部門的男員工認為，「要提出超乎想像的點子，卸下你的『個人形象』是很重要的事」。所謂「個人形象」，一言以蔽之，就是「無意間背負的立場或角色」。

參加討論磋商的成員們都有各自的立場或角色，但是當大家說著「就行銷的立場來看……」、「站在業務的立場來說……」或「以創意的角度來說……」等，抱持各種立場來討論時，往往就會變成「應該論」。當我們說出這些話時，視野就已經變得狹隘了。

因此，要脫離立場或角色，以一個消費者的角度來判斷，再說明「我是這麼想的」，重要的是，盡量以「我」為主詞來提意見。

▼用「報到」創造「可以說真話」的氛圍

上述這名男員工留意到，要讓人卸下「個人形象（角色或立場）」的方法之一，是在剛開始討論時，進行「報到（check in）」的程序。

所謂「報到」，是進入主題之前，先用一句話說出「自己目前的心理狀態」。也是脫離角色或立場，彼此表達「目前的真實心情」的時間。因為說出心裡話，就能創造「可以放心地無話不談的氛圍」。

例如，「本來週六想做的工作卻沒有做，只能以沉重的心情迎接週一。」「今天一早，我桌上就放了一堆文件，緊張感達到最高點。」或是「昨天不小心喝太多，現在還很睏，抱歉。」內容是什麼都不要緊。

規則就只有「真實不欺地說出現在的感覺」，以及「不可以批判、否定或批評別人」而已。完成「報到」之後，就創造了「在這裡是可以說真話」的氛圍。

此外，可以使成員們共享彼此的狀態、心情或本性，也會使團隊產生整體感。

由於「報到」是使「我」變成主詞的「準備運動」，之後的發言也就不會是帶著「形象面具」，而是接近真心話的言論，針對主題的思考力也會因此增加。

到此為止，已經介紹過在討論磋商的開頭，就採取閒聊的第一個理由，是讓參加成員「說出真心話」的準備動作。

在這當中，我們提過幾個人的訪談，但是「到底要閒聊多久」，則會因為領導人（會議主持人）各有不同。

有些討論磋商一開始不進行深度閒聊，僅止於「稍微捉弄一下開會成員裡的某個人」；有些則在討論途中，才深度閒聊；以及「不知道要談到何時，也不知道何時開始討論主題」的類型。

此外，還有當討論或點子的產出停滯時，大膽設定「五分鐘的閒聊時間」，讓討論有高低起伏的類型等。

即使都是博報堂的員工，閒聊的方式也各有不同。平均來看，如果是一小時的討論磋商會，通常閒聊會發生在「開頭的五分鐘左右」；兩小時的討論磋商會，就會是「十至十五分鐘」。

透過你來我往的閒聊，讓現場氣氛和緩下來之後，才說：「那麼差不多該開始了。今天是不是要談〇〇？」用類似這樣的放鬆感覺，進入主題就可以了。

藉著「分散話題」，擴展與會者的視野

在討論磋商會的開頭閒聊，帶來的第二個效果就是「擴展視野」。

當彼此提出點子，有時不要太專注在主題上，反而會比較好。

在找出某個問題的解決方案時，**如果只聚焦在那個問題上，思考與發想就會愈來愈狹隘**。

為了避免這種狀況，必須適當穿插一些廢話。廢話擁有「分散話題的效果」，可以成功地與問題拉開一點距離。

一位隸屬於諮商部門的女員工說，她意識到的是「雖然不知道能不能因此想出點子，總之就是把想到的事都說出來」。

在某個化妝品品牌的討論磋商會中，出現了一個話題——「究竟什麼是屬於日本的美？」

這時候，她突然想起「說起來，以前的房子裡有壁虎」，於是，就說出「以前有壁虎吧？」

周遭的人面對這個唐突的發言，一瞬間突然有種「咦？為什麼提到壁虎？」的氣氛，但是當某個人拾起這個話題，接著說：「這麼說來，享受人與自然的共生，也許是一種日本的美吧？」於是，討論就愈來愈熱烈。

特別是在討論的開頭，就算是稍微偏離主題的話題，想到什麼都要盡量說出來。在博報堂的討論磋商會中，就有著這樣的氛圍。因為這麼做的話，有時就會有其他人把話題撿起來，並將話題轉往好的方向擴展。

對於參加討論磋商會的成員來說，「業務」、「製作」、「設計」等各有自己的立場或角色。若長期參與該商品，就會有不少員工對此擁有各種知識。但是，如果被這些立場與知識束縛，就無法探知消費者的心聲。

▼閒聊帶來的「留白」能引發新想法

為了找出「打動人心的創意」，必須暫時忘記自己的立場，回歸到「身為消費者的自己」。

透過討論會開頭的閒聊，在「好像不是這樣、也不是那樣」的對話往來中，就能獲得「我覺得是這樣」和「我覺得是那樣」等的消費者觀點了。

在討論的開頭，加入一些離主題有點遠的閒聊，目的正是為了打開自己的視野。而且效果並不僅限於成員眾多的會議。

博報堂公司人事處的某位男職員，就因為「用電子郵件或電話聯絡，就會僅止於業務聯絡」的理由，所以非常重視面對面的溝通。

人事處與員工們的交集，有許多事其實都可以用內線電話或電子郵件解決，但是該位男職員卻認為，就算稍微麻煩一點，也要當面和對方聊聊。

當我問他理由何在，他告訴我：「因為這樣獲取的資訊量會變多，也能聽到有趣的內容，比較容易找到解決問題的線索。」。

在說明要件之前，稍微閒談一下，或是輕鬆地交換意見，有時候思考就會因此受到觸發，說不定眼前的道路便突然打開了。

對博報堂來說，我們不認為稍微閒談是什麼麻煩事，反而有許多員工樂在其中。直接見面、看著對方聊天，會使對話產生「留白」，浮現新的想法。而所謂留白，就是「思考的擴展」。

在討論或對話的開始，加入一點閒聊，就能「擴展視野」或產生「留白」，這或許是往打動消費者的點子更靠近一步的關鍵所在。

與會者的狀態，可以利用閒聊來檢視

閒談的第三個效果，對領導人來說，或許是非常重要的效果，就是「可以檢視成員的狀態」。

透過討論磋商會開頭進行的閒談，可以掌握像是「對方喜歡什麼」、「對什麼有興趣」或「目前處於什麼樣的狀態」等成員的狀況。

如果某位成員不加入聊天，那應該是有什麼理由，例如，「不擅長聊天」、「不認為閒談有意義」、「可能對話題沒興趣」、「也許累了」等。

在有效率的團隊運作上，閒聊便會發揮相當大的力量。

▼配合員工的心理狀態，改變討論的進行方式

博報堂法務部的女經理，會在部門會議的開頭加入閒談，即使現在部門的氣氛，早已能讓成員們說出真心話，還是會在開頭加入閒聊。

那是因為，再怎麼了解大家的脾氣，參加討論的成員們每天的狀況仍然會改變。「最近年輕人都在哪裡約會啊？」「最近的煩惱是什麼？」等，在破冰時間問這些問題，場子自然會暖起來，還能了解年輕人對什麼有興趣，或者有什麼煩惱，如此一來，就會更容易溝通了。

此外，擔任會計部門管理職的某位男職員，也認為在討論磋商時閒聊，會成為「打開年輕員工心門的契機」。

每年都會有幾位新人被分發到管理部門。只是如果與現場（創意或業務）的年輕員工比起來，報告、聯絡、商談類的會議比例往往占多數。因此，該位男主管就創造機會讓大家提出點子討論，積極地邀請新人或年輕人參加。

只是，也有些員工會退縮，覺得「自己的知識和經驗都不足，說不定會說錯話」，或者猶豫「我本來想當創意人員做廣告，為什麼不是被分發到該部門」，於是往往就關閉了心門。

因此，為了打開他們的心，管理職的員工便積極地設計聊天的機會，在創造易於發言的氣氛的過程中，藉機了解年輕員工們的心理狀態。

像這樣，閒聊擁有在短時間內，掌握參加成員的心理狀態的功能。

配合當天的心理狀況，在討論的進行方式上，多下點功夫，就會讓討論進行得更有效率。

用「閒聊」延展話題，刺激討論

閒談的內容可以是「週末看了什麼電影」，也可以是「早上搭電車通勤時看到的人」，基本上什麼都可以聊，怎麼說都行，但是，選擇「所有人都能發言的切身話題」，比較容易炒熱氣氛。

隸屬於諮商部門的某位年輕女職員表示，閒談的時候「會盡量選擇大家都能聊上幾句的話題」。

例如，若是剛過完年的時候（一月），就在討論磋商會的開頭說：「除夕夜大家看了什麼？我看了○○喔。」從電視節目的話題開始聊起。可能因為我們工作性質的關係，大年夜會有比較多人看電視，這麼一來，幾乎所有出席者都能參與閒聊，所以才會選擇這個話題。

▼具體的故事和體驗才能引發共鳴

在閒聊時，可以摻雜「具體的言詞」或「具體的故事」，話題就更容易擴展了。

一位隸屬於行銷部門的男職員，在不久前的討論會中，採用以下話題開場，讓參加成員一起閒聊。

「我今天去照了胃鏡，所以沒什麼精神。大家是胃鏡派或鼻胃鏡派？」

到了某個年齡以上的人，多少都有過胃鏡檢查、鼻胃鏡檢查，或者腸胃道攝影檢查的經驗。剛好那時候是健康檢查的期間，成員們能夠說出自己的體驗，閒聊起來相當熱烈。而且，年齡較輕的人即使還沒有做過相關檢查，也會反問「是什麼樣的感覺？會不會痛？」話題具有擴展的可能性。

如果閒聊的主題很模糊，對方就不會想繼續說。但是如果問一些具體的問題，聽者就很容易做出反應。

比起「據說是……」或「我聽新聞這樣說」，這種「從他人口中聽來的話」，自己的實際體驗更容易獲得共鳴，溝通也會加深。特別是，年輕職員的日常體驗大多隱藏著工作的線索，資深員工也會很有興趣地聽下去。

一位隸屬於諮商部門的年輕女職員，就會盡量在閒聊時說出自己的「日常體驗」。例如，她發現「最近同期的同事之間流行的東西」這種話題，前輩們就表現得相當感興趣。

該年輕職員說，她發現「年輕員工被需要的，與其說是點子，或許不如說是『年輕世代的日常體驗』」，所以她會盡量在會議的開頭或日常會話中，具體地說出自己「發生了什麼事」。

閒聊並沒有正確答案，話雖如此，要將具體的體驗整理濃縮，提供給大家當作任何人都能插入的話題，不具備某種程度的溝通能力是做不到的。

在討論磋商的開頭，要投入什麼樣的閒聊？每天思考這些問題的話，說不定會讓你接收資訊的天線變得更敏銳。

COLUMN

討論磋商是「一場旅程」

「HAKUHODO THE DAY」
執行創意總監／執行長

佐藤夏生

一九九六年進入博報堂，經歷創意指導之職後，二〇一三年創立品牌設計工作室HAKUHODO THE DAY，擔任工作室代表。曾參與賓士汽車、普利司通、愛迪達、耐吉等全球品牌，以及KAGOME、ZOZOTOWN、霧島酒造等日本國內品牌的行銷和品牌設計，擁有眾多實績。由企業形象、產品、空間乃至廣告促銷活動，提供多方面的解決方案。曾獲Good Design 獎、ACC行銷賞大獎等廣告獎項。自二〇一五年起，也擔任澀谷區的品牌顧問。

▼不被「時間」或「期限」束縛

我們對「HAKUHODO THE DAY」的要求，就是要產出創意點子。

創意並不僅止於廣告表現，也是「過去從未有過的新東西，或者是價值」。對於課題、可能性、產業或空間開發等，產出許多不限於廣告的解決方案，這就是我們的工作。

雖然並沒有白紙黑字寫出來，但是我們的討論磋商會有幾個特徵。

那就是不去干擾「創意誕生的瞬間」。具體來說，就是「不被時間或期限束縛」、「不準備議程」、「不輕易統整寫在紙上」、「一面喝著美味咖啡、一面討論」。創意誕生的瞬間，如果沒有特別注意的話，誰也不會發現，那是非常細微的，可以說就在轉瞬之間發生。

在一般公司裡，都會認為「沒有結論的討論會，就是無用的會議」。但是我們認為「太輕易的總結，急於找出結論才是無用的」。

這並不代表我們認為長時間的討論才是好的。

如果決定「在一小時內要決定某些事」，那麼，就真的只會得到用一小時找得出的創意。人在一個小時內可以挖掘的創意或構築的點子，充其量就只是那樣，幾乎是所有人已經大概知道的。擁有新力量的「了不起的東西」，其實沒那麼容易找到。

討論之後，若覺得「嗯，好像不對」的話，就不要輕易說ＯＫ。不要勉強做出決定或選擇，而是說「那再討論吧」，然後讓彼此間隔一段時間再討論。如果想要產出「過去沒有的新東西」，像這種沒有結論的討論磋商會，就有必要持續開個二次、三次、四次、五次……。正因如此，所謂的「好點子」是幾十次討論中，才會出現那麼一次。

▼設定目標會讓可能性變得狹隘

為什麼我們不準備議程呢？那是因為不希望設定目標。

會議議程一般是以「目前看得到的東西」為前提製作，所以會成為尋找未知創意的枷鎖。

討論磋商的時候，中途變得偏離原來的目標，或是事情與自己設想的完全不一樣，往其他方向發展等，大多都是這樣的情況，但我認為這是正確的。例如，原本在想有關果汁的點子，結果不知不覺變成了咖啡的點子；或者本來思考廣告的事，卻說到店鋪中的顧客體驗談等。從上述這些經驗中，我覺得沒有必要一開始就決定目標。

在「紙上」寫下點子時，盡量避免直書和橫書。如果像寫筆記般由左到右，或由上而下地書寫，想法就只會是縱向或橫向發展，無法加以擴展。

思考不只遵循某一條路，它是會跳躍的，正因如此，它會繞圈子或回到原點。例如，在「白紙的正中央」寫下關鍵字，然後以此為起點，寫出「有這樣的可能、也有那樣的可能」，像曼陀羅般把點子擴展出去，以及連接起來。

▼討論磋商要從「美味的咖啡」開始

我對咖啡有異常的偏執（笑），討論磋商時一定要從喝咖啡開始。我會拜託辦公室樓下的丸山咖啡，請他們製作原創的「當日特調」，也會端給客戶們品嘗。

我覺得討論磋商會，就是把一個人過去的資歷、經驗、人格或品味和盤托出，互相激盪討論，然後讓點子具體成形的場合。

只有自己看過、聽過、經驗過和感受過的東西，人們才能真實地去想像。不過，人與人之間互相激盪，將彼此的經驗和知識相乘，就能產生「某種新的東西」。

我們會執著於「美味的咖啡」，是因為想要一面喝著咖啡，一面真心地聊聊彼此重視的生活觀、工作觀，甚至更深入的社會觀。我認為咖啡是為了讓大家卸下心房，說出真心話的「開關」。

▼討論磋商是一段尋找、撿拾、連結點子的旅程

我們的工作是運用語言、設計、立體和空間元素，賦予「這個社會還沒有出現過的東西或價值」一個具體的形式。因為不可能從一開始，就看得出清楚的價值，所以要從尋找「點子的碎片」開始。

然而，點子的碎片細微到「可能還比指甲小」。找到碎片後，就可以拿來和大家

一起討論，像是「這應該就是○○吧」或「好像不對」，一起尋求價值與可能性。

我將這樣的可能性探索，稱之為「Journey」（旅程）。要找出價值或可能性，必須尋找目前沒有、還看不出端倪、尚未發現的東西。與許多的人、事、物相遇，反覆將點子的碎片撿起、丟棄，最後這些碎片會連結並累積起來，變成一個強大的創意。因此，我最重要的主張就是「思考創意就是一段旅程」。

第 5 章

在討論磋商時，能引發突破的八個提問

意料之外的點子，常在「提問的瞬間」出現

在二〇〇五年，距今十多年前的那個時代，智慧型手機與社群網站仍不普及，但對廣告業界來說，數位化的潮流早已一步步來臨。業務量不斷增加，討論的時間不如以往充裕，但也不能因此就讓品質低落。這時，博報堂的「研究開發局」，便開始探究能同時追求品質與效率的「團隊工作方式」。

▼丟出會「引發連鎖作用」的問題

在博報堂，我們將發現點子的瞬間稱為「穿越」。該如何在短時間內達成一般稱

為「突破」的這個瞬間呢？以此為主題進行調查後，我們發現「穿越」的瞬間，較常跟隨在「提出問題的瞬間」之後到來。然後，進一步以公司裡被認為「擅長討論」的行銷或創意人員為對象，調查他們「被問到什麼樣的問題時，最容易穿越？」將這些由現場蒐集來的二百十個問題加以分析。

結果發現，當成員們意識到下面八個觀點，在提出問題時，比較容易於短時間內產生新的點子。

①比喻法
②以時間軸來思考
③掌握意外性
④換位思考
⑤以實際感受判斷
⑥反向思考
⑦看穿隱藏的本質

⑧嘗試用一句話形容

以這八個觀點來發問，會產生什麼樣的突破呢？接下來的章節，就帶各位讀者具體地一一了解吧。

問題① 比喻法

「這是不是和〇〇很像？」

在誕生新想法的過程中，「巧妙的比喻」會成為擴大發想的契機。

像是「這個商品和〇〇很像呢」等，善用比喻的方式，找出與其他事項的共同點，可以更客觀地重新檢視目前處理的主題內容或性質。

思考客戶的品牌「與其他業種的哪個品牌類似？」或「與其他領域的什麼東西類似？」等，藉由「比喻發想」的方式，擴展品牌的價值或戰略形象。以下來看看具體的對話範例吧。

【討論主題】關於開發新的「電子辭典」

員工A：最近的電子辭典不只有英語辭典或國語辭典，甚至家庭醫學、俳句季語（日本古典短詩）都放進去了。

員工B：但是，功能多不代表就會賣得好。

員工C：**那不就很像「幕之內便當」？**裡面內容五花八門，但是都沒有讓人留下深刻印象。這次的商品是否應該要脫離幕之內便當的風格？

員工A：**以其他業界來比喻的話，「鐘錶產業」也很類似呢。**除了知道時間之外，也增加了鬧鐘和羅盤等各種機能，但是因為行動電話的登場，使整個鐘錶界的業績都滑落了。結果剩下具歷史感的高級機械錶，或是時尚性高、耐震性強的手錶，只有特色清晰的品牌才能存活。

員工B：那麼，新的電子辭典的創意，就從「突顯什麼樣的特徵」開始思考，目標是脫離幕之內便當的風格。

▼找出不同商品之間的共同點

在這個對話範例中，出現了兩處比喻。

首先，就是將「功能多但沒有特色」這個課題，以「幕之內便當」來比喻。

要採用團隊的方式來思考點子，就必須與大家共享「課題是什麼」。但是，有不少的情況是沒有清楚的「課題」。

如果課題一直很曖昧，在選擇點子的階段就會產生認知上的「誤差」，與會者之間就無法產生相乘效果。因此，**為了在討論磋商的早期階段就能共享課題，必須用各式各樣的「比喻」來推測現狀，使討論凝聚、浮現焦點。**

第二個是「鐘錶產業」的比喻。

從「幕之內便當」的比喻，就已經把「功能多但沒有特色」的課題，與所有成員共享了。接著，A員工就談到「鐘錶產業」也有同樣的煩惱。

並且，不只是找出共同的課題，還介紹了鐘錶業將特色鎖定在「機械式」、「耐震性強」等的成功事例。

像這樣，以曾經從類似煩惱中掙脫的其他業界來「比喻」，就能轉換想法，考量「如果要仿效該怎麼做才好」。

使用其他業界來「比喻」，最大的好處就是所有與會者都變成了「外行人」。

例如，電子辭典公司的員工A、B、C，他們各有不同的資歷與經驗，有時難免覺得「這種事誰都知道吧」，於是放棄發言，或者發言時會受到業界常識的束縛。

然而，當話題變成「便當」或「鐘錶產業」時，所有與會者的知識和經驗幾乎沒什麼差別。因此，不受業界常識束縛，可以自由地發言。此外，有時擁有的知識較少，反而能輕易掌握住問題的本質。

當然，也不需要一直講其他業界的事，而是在討論磋商的序幕，透過有效的「比喻」，就能產生跳躍性的發想。

俗話說：「草地是別人家的青。」我們往往會以為，其他業界很容易就產生各種點子。但是，無論哪個業界都擁有類似的煩惱，只不過局外人看得到的是他們突破之後的結果罷了。

我們平常就把那些曾誕生暢銷商品的業界，過去的煩惱或課題蒐集起來當成案例分析，當自己的團隊遲遲沒有進展時，或許這些案例就會成為一張「王牌」。

問題② 以時間軸來思考

「這個商品的起源是什麼？」「十年後人們會如何使用它？」

當討論出現瓶頸的時候，索性試著把話題丟回過去或拋到未來，就能切換觀點。

▼把觀點丟回「過去」，回溯起源

「那個商品的起源是什麼？」當人們丟出類似這樣的問題，透過回溯該商品或業界的起源，經常會發現其使用目的或用途的轉變。以下來看看具體的對話範例。

【討論主題】有關銀行的新服務

員工A：思考一下銀行的新服務吧！

員工B：可以延長窗口的營業時間，或者開放從網路上開設帳戶等，點子雖然很多，但是……

員工C：銀行最早的起源是什麼？

員工A：英文的 bank，語源是義大利語的 banco（長桌）。在大航海時代，冒險家要出發到大海上旅行時，資產家就會把資金放在桌上，好像是由此而起。

員工B：既然如此，不論營業時間或網路開戶，是否可以打出像是「朝著嶄新社會的大海啟航，專為這些社會新鮮人設立的服務」的口號。

員工C：不過，退休後創業的五十多歲中年人增加了，所以好像也可以考慮支援這個族群的服務。

把「原來的使用方法」和「過去定位是什麼」等提出後，就能重新站在商品的起源去看，有時也會從中發現新的點子。

▼把觀點拋到「未來」，突破瓶頸

生活在現代社會的我們，觀點往往容易陷在一季、一年或三年的短暫期限之中。因此，丟出「十年後這個商品會變成什麼樣子？」的問題，藉由提出「希望此商品未來是這樣」的個人想法，讓討論繼續進行，有時候會因而遇見新的點子。

【討論主題】該怎麼做才能擴大對威士忌的需求？

員工Ａ：由於喝威士忌的人減少了，來思考一下如何擴大需求吧。

員工Ｂ：請大家都崇拜的名人來拍廣告如何呢？

員工Ｃ：因為酒精成分高，不好入口，推廣一下兌水威士忌的食譜吧。

員工Ａ：**如果十年後需求增加，那麼在一般家庭裡，威士忌會占有什麼樣的位置呢？**

員工Ｂ：目前是擺在櫃子深處，十分珍貴地收藏著，會希望它更常出現在日常看得見的地方。

員工C：這樣的話，會不會是冰箱啊？受歡迎度較穩定的紅酒也會出現在冰箱裡。

員工A：那麼想像一下，十年後所有家庭的冰箱裡都有威士忌的樣子，再從頭思考商品的形式與銷售方式吧。

在討論時，提出過去或未來的觀點，搖撼與會者的發想。當被問到過去沒有想過的問題時，人就會自然地去思考新的點子。

關於思考的時間軸，重要的是擺動幅度的大小。

就算說要思考過去，如果只是問「去年做了什麼事？」並不會擴大發想。乾脆把擺動的幅度加大，提出像是「中世紀的歐洲」、「江戶時代」等年代，大膽問些極端的問題，才是打破討論瓶頸的祕訣吧。

問題③ 掌握意外性

「其實我一直都很在意這件事……」

「數據與當初預料的不同。」
「與多數意見不同，像異議分子似的心聲。」
「有違和感的事實……」
有時候藉由將目光投向意外的事情上，點子也會擴展開來。關注一下調查資料、朋友的發言和已成為前提的業界常識等，這當中令你覺得「不知為何總覺得奇怪」或「有違和感」的事吧。

▼將眼光投向「有違和感的事實」

那些你認為「總覺得好奇怪」的事情，會讓你找到新的發現。

但是，這種眼光因人而異，因此在討論磋商的現場，必須創造出讓每個人可以提出主觀或有個性的觀點的氣氛。

此外，有些意外的事實，就算在討論開頭時提出，也不會引起注意。但在會議停滯不前時，一旦開始說起「其實我一直都很在意這件事……」，成員就會認真地開始思考。因此，選擇提出的時機點非常重要。

以下來看看具體的對話範例吧。

【討論主題】健身俱樂部的店鋪開發

員工A：其實我一直都很在意這件事，那就是五十歲以上的女性，健康意識很高，入會的人數也很多，可是不知道為什麼都很快就退會了。

員工B：是不是對主婦而言，這個金額還是太貴了？

員工C：但是，如果原因出在金額的話，應該就不會入會了吧？

員工A：其實我覺得很奇怪，所以問過退會的女性，結果發現了意外的心聲。

員工C：哦？什麼樣的心聲？

員工A：有很多女性覺得要化妝才能去健身房，這點很麻煩。但是，又不喜歡被身旁的男士看到自己的素顏。

員工B：這樣的話，如果開一家使用者和櫃檯全都是女性的健身俱樂部，不化妝也可以來，說不定她們會很高興。

員工C：但是要去健身俱樂部的路上怎麼辦？

員工A：不然就把店開在商店街裡，就可以不和任何人碰到面了吧？

員工B：既然如此，把它打造成像是自家的延伸場所，可以不用顧慮太多的地方吧。

其他值得思考的事情還有：「這個商品有沒有令人意外的使用方式？」或「送禮者當初認為的優點，與受贈者感覺到的有沒有差異？」，有時候藉著思考這些事情，就可能產生新的點子。

【討論主題】眼鏡布的使用方法

員工A：我聽一個女性朋友說，她都是用我們公司的眼鏡布，沾上化妝水來卸妝。

員工B：這種用法真令人意外。為什麼會這樣使用呢？

員工A：據說是因為可以卸掉灰塵和汙垢，她覺得皮膚變得更光滑。

員工B：這樣的話，如果我們開發出只要擦拭就能卸妝的卸妝布，女性朋友們一定會很開心吧？

可以發現，無論哪個對話範例，提出數據的樣本數量都不多，但我們還是會在討論時，提出這些讓人覺得有違和感的調查資料。

目前的主流是採用大數據等龐大資料來分析。當然樣本數多者，在確定性的保證上有其必要性。但是，以正確資料為基礎來討論，如果遇到停滯時，提出樣本數N等於一的「意外的數據」，有時就能夠馬上扭轉發想的觀點。

為此，在看數據資料的時候，還是必須重視自己感覺到的「違和感」。為了能對各種事物提出單純的疑問，最重要的，就是別失去心裡的「外行人」觀點。

問題④ 換位思考

「如果我是競爭對手，會如何進攻？」

人往往會在自己的經驗框架內發想。

為了去除既定的觀念，就需要換到他人的立場上，想像「如果是我們的競爭企業，會怎麼想？」「如果是那個人，會有什麼樣的發想？」才能超越個人的框架，產生新的發想。

針對同一個課題，想想看其他競爭公司會如何進攻，「站在競爭對手的立場，整理出解決的模式」吧。這麼一來，就能夠找到突顯自己公司原創性的點子。

在廣告業界裡，客戶決定把新商品的宣傳委託給廣告公司時，會有所謂「比稿」

的簡報。

某種程度上，在事前我們會得知有哪家廣告公司預定要參加「比稿」。有時候，甚至知道對手公司會由哪位創意總監負責。

因此，博報堂的某位創意總監在會議停滯時，就會拿出對方的創意總監過去的作品，讓所有人一面看、一面思考「如果是這個人，會做出什麼樣的簡報？」然後依照該總監的偏好或作風，預想其簡報的內容，找出可以做出差異性的地方，同時也能夠完成自己的簡報內容。

▼換個位置來思考，擴展自己的想法

隨著網路的發達，許多過去沒想過的公司，突然變成了競爭對手。對計程車公司來說，就是UBER，對飯店來說，或許就是Airbnb。

像這樣的狀況，也可以在需要突破討論瓶頸時，運用於提問上。

例如，在文具商品開發的討論磋商會上，思考「如果蘋果公司要做原子筆的話會如何？」或者思考棒球場的服務時，在討論中試著想想「如果迪士尼來經營棒球場的話會如何？」」。

利用家喻戶曉的知名品牌，配合目前正在討論的內容，就能夠擴展發想的幅度。

當討論停滯下來，利用「名人」或「自己認識的人」，想想他們的解決對策會是什麼，只要試著改變觀點，就會成為突破的契機。

例如，在思考新事業的時候，就丟出「如果我們的創業者還健在的話，他會怎麼做？」或者「如果矽谷知名的創投企業家要在此領域創業的話，他會怎麼做？」等問題，這對於轉變觀點來說非常重要。

討論之所以會停滯，不是因為點子已經枯竭。

點子其實是「既有的某個東西與另一個東西相乘的結果」。因此，只要改變互乘的因子，應該就會誕生出無限的點子。

也就是說，討論之所以會出現瓶頸，大多數是因為用來相乘的觀點或發想已經僵化的緣故。雖然如此，每個人腦子裡擁有的觀點總是有極限，這種時候，就利用不在場的他人的腦子，讓想法更加擴展出去吧。

問題⑤ 以實際感受判斷

「以自身感受，換句話來說是如何？」

為了不讓討論變成紙上談兵，一面討論、一面在腦海裡想像「實際的生活」是很重要的事。

「身邊有誰在使用該商品？」

「以自身感受，換句話來說是如何？」

思考實際存在的使用者之人物形象和生活模樣，或者自己用消費者身分感受到的事，想起這種「真實場面」，也會帶來新的發想。

▼利用真實存在的使用者了解市場特性

找出身旁實際使用該產品或服務的人（或者感覺他似乎會用），向下挖掘那個人的性格和生活方式等，就能更貼近真實地與大家共享目標市場的特性，或者該品牌帶來的價值。

以下來看看具體的對話範例吧。

【討論主題】有關廂型車的銷售方案

員工A：身邊有沒有人開廂型車呢？

員工B：我們部長是開廂型車，他的車是○○。

員工C：哦？我還真不知道呢。他住在哪裡？家庭成員有哪些？

員工A：他住在川崎的郊外，是獨棟房子，家裡有太太和兩個讀小學的兒子。

員工C：他的興趣是什麼？

員工Ｂ：以前放假日他也在工作，不過最近和小孩去露營成了他的興趣。

員工Ｃ：你們部長選擇那輛車子的理由是什麼？

員工Ａ：應該是想和家人增加交流吧。好像是想在可以陪小孩玩耍的「黃金時期」，扮演「好爸爸」的角色。

員工Ｂ：這麼說來，以讓家庭中逐漸失去的「父權」復活為主題，利用這種創意來銷售似乎可行呢。

這時候最重要的是，提出一位與會者都認識的人物。不論長相和為人都能引發成員想像，因為描繪得出具體的人物形象，藉由他的登場，就能使點子不再是紙上談兵，而是更現實、有血有肉的內容。

▼用自己的實際感受換句話說

在討論中，如果「抽象」的用詞增加了，這時就試著換成「自己的話」來表達。

讓成員們說出自身的經驗，或者意識到浮現的想法，就更能掌握言語間的深意，請參考以下案例。

員工Ａ：這個商品的概念可以統整為「洗鍊」兩個字，但是具體來說，「洗鍊」到底是什麼？**如果換成自己的實際感受來說，會是如何呢？**

員工Ｂ：我覺得是像日式旅館那種閑靜、寂寥的感覺吧。

員工Ｃ：我想像的是像鋼筋水泥般冷調的美術館那樣。

員工Ｄ：你們兩位想得很接近，似乎都是把技術發揮到極致的匠人的感覺。

員工Ａ：也就是說，這個商品給人「洗鍊」的感覺，因為它是「徹底釐清基本功能，剷除多餘部分後，由純淨中誕生的產品」。那麼，就以這樣的概念，繼續深入思考吧。

討論會遇到瓶頸的主要原因之一，就是討論變得太抽象，有時連參加成員都無法跟上。這時候，就要一一確認到目前為止已經定下來的東西，每個人都用實際的語言，逐一解開這些抽象的用詞。

例如，以「款待」一詞來說，每個人的理解也都不同。

在某家日本飯店，只要看到客人杯裡的咖啡少了，就會建議他續杯，這種不經意的體貼，就稱為「款待」。

另一方面，在一家外商系統的飯店，一旦知道客人是為了慶祝結婚紀念日而來，就會在客房的床邊加上玫瑰花裝飾，他們稱這樣的驚喜為「款待」。

在討論成員之間，當彼此對抽象用詞的理解有差異時，最後往往就會很難整合大家的意見。

因此，在討論的早期階段，必須一面使用自己「基於實際感受的言詞」，一面構築共同的理解。

問題⑥ 反向思考

「如果把弱點當成強項會如何？」

只要肯定他人的意見或點子，進一步將點子與點子連結起來，再加上自己的意見，就能開展話題。

不過，若單純考慮如何連結，有時思考會像鬼打牆一樣，怎樣都無法前進。此時，轉移觀點就是很重要的事。

▼強迫觀點「逆轉」，把「弱點」當成「強項」

「如果思考一下強項和弱點會如何呢？」

「如果採取和過去完全相反的戰略會怎麼樣？」

提出類似這樣的問題，就能強迫自己翻轉觀點。

就算是同樣的事物，觀點翻轉後重新審視，有時就會發現其他意義或價值。

對業界或公司的「通常」、「一般」或「標準」存疑，將它們加以「翻轉」或「逆轉」，點子便能擴散，使發想的開端更加寬闊。

將觀點倒轉，試看看可否把過去認為是「弱點」的地方，當成「強項」來思考。在既定觀念中，本來認為是負面的東西，說不定會意外變成正面要素。

以下來看看具體的對話範例吧。

【討論主題】有關家庭用投影機的行銷策略

員工A：投影機的弱點就是，如果不把屋內光線調暗，就不容易看清楚。

員工B：但是反過來想的話，營造這樣的氣氛不是很像在電影院裡面嗎？應該更能享受影像的臨場感吧。

員工C：付費的影音服務會員正在增加當中，常看電影或電視劇的年輕人很多呢。

員工A：既然如此，與其以畫質或功能為訴求，不如以家庭劇院才能創造的「氣氛」為訴求，展開行銷策略吧。

【討論主題】有關青汁的行銷策略

員工A：青汁的弱點就是有青草的土味和苦味。

員工B：但是反過來想的話，「難喝」也可以給人一種好像「攝取了對身體有益的食物」的感覺吧。不是有一句話說「良藥苦口」嗎？

員工A：乾脆我們的廣告，就直接開門見山地說：「因為難喝，所以有益健康。」這樣如何？

▼多加思考與過去完全相反的戰略

試著對該品牌或商品「習以為常」的做法，先暫時存疑吧。

採取與過去完全相反的做法時，可以先談談該品牌或商品會變成什麼樣子，藉此找到新戰略的線索。

【討論主題】讓運動飲料在冬天熱賣

員工A：運動飲料總被認為是夏天的飲料，難道就不能讓它變成冬天的暢銷商品嗎？

員工B：這麼說來，因為冬天穿太多，搭電車通勤時都會流很多汗呢。

員工C：公司的暖氣太熱，皮膚也會很乾燥。

員工D：冬天還是會想喝讓身體暖起來的飲料啊。

員工A：這樣的話，或許我們可以用「冬天早上更需要補給水分」為主題，開發出溫熱的運動飲料。

「要對常識存疑！」不少領導者都很愛說這句話。

然而，如果在討論開頭，就持續講一些對常識存疑的話，反而會造成混亂。

因此，「逆向思考」必須在討論內容已達到某種程度的瓶頸，這時使用或許才會有效。

即使對常識存疑，但如果不知道什麼東西算是常識，就不會知道該從何懷疑起。當與會者之間產生信賴關係，而且大家的理解都來到同一個方向，或許才是「反向思考」該出場的時候。

問題⑦ 看穿隱藏的本質

「想想看這當中隱藏的○○是怎樣？」

想掌握事物的本質，就不能只看到其表面顯現的東西，重要的是挖掘出隱藏在水面下的部分。不過，即使我們直接質疑「這個點子的本質是什麼？」一般人通常也很難回答出來。

▼找出隱藏在點子背後的本質

為了可以自然地向下挖掘事物本質，必須試著丟出能誘導對方發想的問題。

就如同聯想遊戲那樣——「說到〇〇，可以說就是××。這麼說的話，也可以說是△△。也就是說……」

不斷利用這種連鎖性的「換句話說」，探索「隱藏的意義」，如此就能找到新的點子。例如，討論「生日」這件事的話，就可參考以下對話方式。

員工A：生日就是自己誕生到這世上的紀念日。

員工B：也可以說是，慶祝自己平安地從母親肚子裡生出來的日子。

員工C：也可以說是，謝謝母親將自己平安生下來的感謝之日。

員工D：所以說，生日不只是「自己誕生的紀念日」，也可以說是必須感謝母親的「第二個母親節」。

由於問題並沒有標準答案，只要像玩「故事接龍」的遊戲那樣，不斷接續別人說出的內容。

在歡樂的氣氛下，讓大家一句接一句講下去，並且營造「講得好的人就贏了」的氛圍，用這個方式來發現新的觀點吧。

▼尋找「隱性的競爭對手」

競爭對手，通常都是指「同一個產業、同一種類」的事物，讓我們試著站在顧客的立場，找找看有沒有隱性的競爭對手吧。

藉著討論與「隱性競爭對手」有關的事，可以幫助我們脫離既定觀念，並且更深入地思考。經由思考「為什麼它會是競爭對手？」也可以看出事物的本質。

【討論主題】關於適合便利商店販售的巧克力商品

員工A：在便利商店暢銷的巧克力，是對手公司的商品A或商品B。

員工B：除了商品A或B之外，沒有隱性的競爭對手嗎？

員工C：這些商品在晚上意外的暢銷呢。似乎很多女性下班回家時，會順便去買。

員工B：除了巧克力以外，這些女性還會買什麼？

員工A：甜點、冰品、甜麵包等所有「甜食」。
員工C：之所以買「甜食」，應該是為了給辛苦了一天的自己，一點「小小的獎勵」吧！也就是說，巧克力或許不只是與巧克力競爭，而是和這些「小小的獎勵」彼此競爭。
員工A：這麼說，和對手競爭的，並非巧克力的味道，而是如何營造「小小的獎勵」這種能讓消費者滿足的氣氛。
員工B：或許可以考慮開發能讓人放鬆的香氣巧克力，或是在巧克力中加入容易入睡成分。

競爭對手不僅限於同業，藉由將觀點擴大，包括「購買目的相同」、「同一個消費者購買的東西」、「爭奪有限的時間」等，創意也會跟著擴大。

為了得知這些觀點，最重要的是，平常就必須掌握人們購物的目的，以及會把時間和金錢花在什麼樣的東西上。

問題⑧ 嘗試用一句話形容

「用一句話來形容這個點子，會是什麼？」

當討論擴散、點子滿溢之後，有時整個會議就變得混沌不清，無法掌握接下來的發展。這時候，將討論或提案「單純化與焦點化」是很有效的做法。

▼將討論或提案「單純化」

「如果為這個提案加上一句廣告標語，那會是什麼？」

「這次的簡報會，讓人最驚訝的是哪一點？」

像這樣，當場丟出用「一句話」來表現的方式，就能整理出其他的發想。

光是把點子羅列出來的簡報，並無法打動客戶的心。

例如，在眾多廣告公司都會參加的「比稿競賽」中，這時大家會針對同一個主題，帶著許多的點子前來。如果我們沒有「博報堂的〇〇案」這種簡單又好記的一句話，便無法在客戶心裡留下印象。

而博報堂的討論磋商會也是一樣，關於「重點為何？」「最重要的是什麼？」像這樣的話語會不停交錯。

絕對不是需要像廣告文案那樣酷炫的文字。

而是和簡報內容互相搭配，讓人聽過之後就在心裡留下印象，能夠用來表達創意要點的一句關鍵話就行了。

▼善用一句話或一句標語

以下我們舉實際案例說明，如何在討論中用「一句話」來總結，提供讀者參考。

【討論主題】有關計程車公司的服務開發

員工A：東京市中心的計程車太多了，很難做出差別化。

員工B：現在重要的是，在新的商業大樓的門廊前，是否能有常駐的車子。

員工C：商業大樓都會有著名的企業進駐，對服務水準的要求也會很高。

員工A：為了因應這些要求，來想些點子吧。

員工B：乾淨空間、司機的禮儀、點數……好像可以有很多點子。

員工C：但是我們的戰略重點是什麼？

員工B：因應一流企業的商務人士，目標是「計程車界的商務艙」吧？

員工C：好，那就開發出適合「商務艙」水準的服務吧！

【討論主題】有關住宅區的便利商店業務型態開發

員工A：住宅區的便利商店從上午到下午三點有很多銀髮族呢。

員工B：這樣的話，依照不同時段來區分目標市場，想想看鎖定在銀髮族的點子吧。

員工C：可以特別強調針對銀髮族的熟食和飲料。

員工Ａ：把內用區設計成榻榻米，讓他們可以窩在這裡如何？

員工Ｂ：店裡放一些可以免費使用的電腦、平板電腦和充電器。

員工Ｃ：跑出很多點子了呢。那我們把這些點子的廣告標語取為**「讓白天的便利商店成為銀髮族的咖啡廳！」**如何呢？

像這樣，當會議遇到瓶頸、討論開始鬼打牆的時候，採用一句話來總結「要點是什麼」，如此一來，就可以發揮將發想帶回「原點」的作用。

並且，經過一次總結後，便能夠以此為跳板，再一次擴散點子。

相反地，如果無法用一句話來總結點子時，很可能是討論太過發散、沒有重點。這時候，必須將點子區分成幾組，為它們各自加上一句廣告標語。在確認討論方向的同時，也能得知哪個方向最具展望。

COLUMN

討論磋商
是一種「服務業」

博報堂Kettle董事長・共同執行長、創意總監、編輯

嶋浩一郎

一九六八年生於東京。一九九三年進入博報堂，在Corporate Communication局從事企業的宣傳活動。二〇〇一年轉職到朝日新聞社。二〇〇四年參與「書店大賞」的創立，目前是NPO書店大賞的執行委員會理事。二〇〇六年創立「博報堂Kettle」。擔任文化雜誌《Kettle》及區域新聞網站「赤坂經濟新聞」的總編輯等，積極參與媒體內容的製作。二〇一二年在東京下北澤，與內沼晉太郎一起開創「本屋B&B」書店。編著書籍有《CHILDLENS》（Little More）、《嶋浩一郎的創意製造法》（Discover 21）、《企劃力》（翔泳社）、《這則推文一定要記起來》（講談社）等。

▼每次討論都要在「一個小時內」完成

博報堂 Kettle 的討論磋商會，時間短得令人意外。

與其說討論磋商會是思考點子的地方，不如說是大家把「已經想好的點子」帶過來混搭的地方，我們不會當場思考個沒完沒了。因此，有時候還會像傻瓜一樣，短到只有十五分鐘就結束（笑）。

在會議中，我的任務就是做出像這樣的判斷：「這個點子、那個點子，以及另一個點子，可以繼續討論。」或者「這個點子有些不足，下次請把○○部分想好。」我會幫大家把課題規定清楚，而且基本上必須立刻決定，才能讓會議在短時間內結束。

每一次的討論會大概都在「一個小時以內」，因此我的行程表上，有時一天會排進十個以上的預定討論會。例如，製作廣告影片的討論會、舉辦活動的討論會、製作數位內容或雜誌的討論會、公司經營的討論會等，大量處理各式各樣的事情。

比起一場長時間的會議，我覺得把許多不同工作的討論，夾雜在一起會更好。

製作銷售零食的網路短片、高級品牌的活動企劃，以及書店的促銷活動等工作，都是以完全不同的面向並行著，有關零食的點子可能會成為書店促銷的靈感，書店促銷的點子則意外地給了高級品牌策略一個暗示等。因為點子會跳躍，所以，說不定「與A有關的想法，可能對B工作有幫助」。

▼貼出寫著點子的紙張，更能看出隱藏的線索

「博報堂 Kettle」的會議室，所有房間的牆壁都設計成白板，在討論開始之前，我們會把點子寫在A4紙張，然後貼於牆上，甚至，有時會貼到二百張以上。

以一百張為單位、把點子貼在牆上的會議，非常有效率。藉著俯瞰整體，可以明確地知道「這個企劃的哪個部分做得十分扎實，以及哪裡很鬆散」。

並且，嘗試將點子組合搭配是更好的做法。因此，比起一張張拿出來檢視，將點子全部呈現出來，更容易發現原本沒有看出的線索，也會更容易分組，像是「這個點子和那個點子是同樣的概念」，或者「把這個往下挖掘，說不定就能做出打動目標市

場的企劃了」等。

討論會雖然會在「一個小時之內」有效率地完成，但是要發掘目標市場的內在（真實想法）很花時間，當然也會有一些白費工夫的事情。

當我們要解決A公司的課題時，有時會蒐集許多與A公司完全無關的實例，例如，為了製作針對鐵道迷的內容物，還去參加鐵道攝影會，或是跑到一些祕境車站、鐵道居酒屋等。

我們會在辦公室裡建造吧檯，也是因為晚上在吧檯一面喝啤酒、一面說的廢話，很有可能會變成靈感，並由此產生有趣的點子。

▼拖拖拉拉的討論會議是一種「罪過」

討論會議乃是花費大家的時間來進行，因此會議召集人不能浪費時間。因為漫長的討論而搶走別人的時間，我覺得是一種「罪過」。

客戶會花多少經費，來買我們提出的企劃書，這將決定公司的收益。所以，我們要在短時間內，蒐集能賣高價的點子，再以企劃書的形式呈現。

為此，我們不能浪費時間，必須有效率地使用一起參與企劃的夥伴的時間，才能提高生產性。創造出一個可以「在一小時內發揮所有能力」的場合，我認為這是會議召集人的義務。

而且，討論磋商會議的召集人，其實屬於一種「服務業」，必須用心準備能讓與會者活躍的場合，若是大家共同製作的企劃書得到客戶好評，那就等於是「所有人都獲得了好評」。

所以說，召集人的工作包括提出一些能獲致好點子的提示，以及整理流程、做出判斷、給予思考課題等，提供各種讓夥伴們發揮最大能力的「服務」。

第 6 章

在短時間內，量產創意的「一人腦力激盪法」

點子要求的是量而不是質

▼學會在短時間內想出許多點子

在博報堂有個規矩，參加討論會議的人「禁止空手而來」。

事前先徹底思考過的成員們聚集在一起，才會使對話的密度更高。

如果成員們盡是「弄不清楚今天討論主題是什麼」的人，不只得花費不少時間共享資訊，提出來的點子也只會是一些膚淺又偏頗的東西。

將徹底思考過的點子互相加乘後，才會誕生有新價值的創意。

在博報堂，我們對於點子的共同理解是「量大於質」。也就是說，我們認為點子的「數量」是非常重要的。

只是，因為同事們也要處理其他一般業務，所以不可能把工作時間都花在想新的點子上。

那麼，究竟該怎麼做，才能在有限的時間裡，量產出各種點子呢？

接下來，我們在本章中，就要介紹幾個具代表性的「點子激發法」，能有效地引發創意，提供各位讀者參考。

一人腦力激盪法①

色彩浴發想法

色彩浴（Color Bath）直譯是「顏色（Color）」與「沐浴（Bath）」，因此，意思就是沐浴在色彩之下。

這是一種「如果你意識到某種特定的顏色，對該色彩的注目度就會升高」的心理效果。這種心理效果不但可以運用在田野工作上，也能夠活用於發現「新點子」的靈感上。

例如，事先決定好「今天要尋找『紅色』的東西」，然後再出門。

於是，走在路上時，像是紅燈、紅色郵筒、蔬果攤上陳列的番茄、紅色汽車、口紅等「紅色物品」就會映入眼簾。把這些帶有「紅色」的主題，全部相加後，從中思考是否產生了什麼新點子。

▼從「通勤路上的風景」產生好點子

假設，我們現在要思考有關巧克力新商品的點子。

事先決定好「今天要尋找『紅色』的東西」，接著出門後看到紅色郵筒。於是想起最近寫信的機會變得非常少，不過，熱愛旅行的母親從旅遊景點寄來的風景明信片，讓自己像收到禮物那樣開心。

在這裡，就可以強迫連結起這些想法，從中思考點子。

或許會浮現類似以下的點子：

是否可以把巧克力當成禮物呢？

是不是能開發附上訊息的禮物型巧克力，來送給父母或男女朋友等重要的人？

色彩浴的發想法，不僅限於「顏色」，其他像是「方形或圓形的物品」等「形狀」、「高處或低處」等「位置」，以及街道上寫著的「數字」等，都可以運用在各種主題上。

如此一來，就能把平常的通勤路線，變成自己腦力激盪的素材，這同時也是十分有效率的點子量產法。

一人腦力激盪法②

二〇%法則

Google公司的創新泉源之一，就是所謂的「二〇%法則」。

其規則是「把工作時間的『二〇%』，用於負責業務之外的領域（自己想嘗試看看的企劃）」。該公司因為「二〇%法則」，所以才能成功誕生「AdWords」和「Gmail」之企劃。

▼「異想天開」引發創意的連鎖效應

如果把「二〇%法則」運用在產出點子上，便能有助於拓寬思考的幅度。

例如，**準備了十個創意提案，就把其中兩個提案變成「異想天開的點子」或「放手一搏的點子」**，以這兩個案子作為契機，藉此讓點子的幅度變廣。

領導者率先提出的話，還能夠營造「點子可以放寬到這樣的幅度喔」的氛圍。

假設，我們正在思考的課題是「讓更多客人來墨西哥捲餅連鎖店的方法」。

有一家強調使用新鮮蔬菜、健康美味的墨西哥捲餅連鎖店，店裡販售的捲餅味道正統且非常可口，卻無法像漢堡連鎖店那樣成為主流。

當大家在發想時，除了「強調可以吃到一天必須攝取的蔬菜」和「以時髦的攤位在城市裡巡迴」等正統的點子，也暗藏了讓人驚呼「怎麼可能」的創意點子。

例如，「讓墨西哥捲餅進入全國小學的營養午餐菜單中」或「讓墨西哥捲餅出現在知名長壽卡通《海螺小姐》的餐桌上」等點子。

當然這不可能輕易實現，不過，卻有可能引發「這麼說來，我家小孩的營養午餐菜單中有『手作漢堡』呢！」或「讓孩子從小就知道有墨西哥捲餅這種食物，這一點很重要。」等對話。

這麼一來，討論中的對話就會往好的方向發展，說不定因此產生新鮮的點子。

一人腦力激盪法③

九×三法則

「九×三法則」（Nine・Three）是指一個人反覆思考各種點子之後，客觀地選擇點子的方法。

此處介紹一下，這個法則的具體步驟。

①首先，將點子寫在便條紙上。一張便條紙只寫一個點子，至少要寫九張，然後把它們貼在牆上。

②客觀地瀏覽這些點子後，從九張便條紙中，選出你覺得最好的一至三個點子。

③進入第二回合。先暫時拋開剛剛想到的點子，重新思考新的點子，再寫出九張便條紙。然後，與第一回合相同，把它們貼在牆上，再從中選出最好的點子。

④第三回合也以同樣的方式進行。結束後，選出在每一回合勝出的點子，然後帶到討論會議上。

▼歸零重來，效率更高

上述的「九×三」腦力激盪法，包含兩個要點。

第一，就是要將點子寫出來，貼在牆上以供瀏覽。

人們對於自己想出的點子，容易帶有主觀意識，因此，常常不知道哪個才是有趣的點子。

就算原本認為「絕對很有趣」的點子，後來再重新審視，也可能會變成「好像並不是那麼有趣……」而且，這種狀況其實經常發生。

像這種時候，就需要與「點子」保持距離，試著採用俯瞰角度來審視，這招十分有效。

第二個要點，就是在三個回合中間，都要有休息時間（interval）。

可以嘗試轉換空間，或者出去散散步，重點在於，讓自己有一段時間暫時遠離這些點子。

舉例來說，博報堂創意部門的員工就有人認為「去一下三溫暖，可以讓腦子重新運轉」。

光是一直拚命想點子，並不是所謂的發想。

所以，每個人都要找到自己專屬的「歸零重來的方法」，這樣才可以更有效率地產出創意點子。

一人腦力激盪法④

曼陀羅思考法

「曼陀羅思考法」是設計師今泉浩晃所發明的創意發想法。

首先，準備好一個九宮格（三格×三格的形式），然後一步步將格子填滿，這樣可以整理點子，並加深自己的思考。

利用這個方法，就能順利增加點子的數量，並把點子的質量往上拉高。具體方法如下。

①在正中央的格子，填上希望擴散發想的主題。

②在周圍的八個格子裡，自由地書寫與主題相關的關鍵詞。必須絞盡腦汁，直到填滿所有的格子。

③把格子都填滿後，從中選擇一個自己認為有趣的詞句，再次寫在曼陀羅九宮格的中央處，然後重複同樣的做法。

▼慢慢把空格填滿產出點子

舉例來說，我們試著以「火鍋湯頭的商品開發」為主題，使用曼陀羅思考法提出點子（見頁一八五）。

最近市面上有類似「泡菜鍋之素（キムチ鍋のもと）」等各種火鍋湯頭，而且商品不斷增加。當人們思考新商品的時候，往往不由得只把眼光放在口味的差異上。

我們的做法是，首先在中央的格子裡寫下「火鍋」。

四周則寫下由「火鍋」聯想出來的詞句。可以的話，就像前面所說的「二〇%法則」一樣，大約放入兩個有點偏離的詞句。於是，我們寫下了「家人」、「溫熱」、「健康的」等詞句，然後想到了「短時間」這個關鍵詞。

接著把「短時間」放在中央位置，再重新進行一次曼陀羅思考法。這次出現了「長條型包裝」、「球型包裝」、「微波爐」、「加班」和「職業婦女」等關鍵詞。

接下來的步驟是，把最初的「火鍋」一詞，與新的關鍵詞強行連結。點子就此誕生了——「方便讓所有職業婦女，在短時間內使用的長條型包裝火鍋湯頭。」

如果能靈活運用曼陀羅九宮格，按照其原理來說，最後就會生出八×八＝六十四個創意點子。

將九個格子填滿的同時，也產出點子

課題 火鍋湯頭新產品的創意點子

步驟①

準備好九個格子（三×三），把希望擴大發想的主題（火鍋），寫在正中央的格子裡。

	火鍋	

步驟②

把腦中所想到、與主題相關的關鍵詞，填入剩餘的八個格子裡。

忘年會	相撲部屋	家人
鄉土料理	火鍋	加熱
短時間	日本酒	健康的

步驟③

從步驟②中寫下的八個關鍵詞中，選出你覺得最有趣的詞句，再重新進行一輪曼陀羅九宮格。將關鍵詞寫在正中央，然後重複步驟②的作業。

將主題（火鍋）與新的關鍵詞連結在一起。

剩下的食材	懶人食譜	長條型包裝
壓力鍋	短時間	球型包裝
職業婦女	加班	微波爐

引導出「方便讓所有職業婦女，在短時間內使用的長條型包裝火鍋湯頭。」的點子！

一人腦力激盪法⑤

書店創意法

點子乃是由某種東西，與另一種東西「彼此相乘」而誕生的。

想要蒐集這些可以用來相乘的素材，最佳的場所非書店莫屬了。

因為書店裡都會以簡單明瞭的方式，陳列出目前在社會上造成話題的相關書籍，並且也會定期更新。而且任何時候前往書店都是免費的，還不會受到他人的干擾。

▼從陳列在店頭的書籍封面，也能產生點子

這節提供的腦力激盪法非常簡單，我們稱為「書店創意法」。方法是**把自己目前要處理的主題，與書店裡映入眼簾的文字互相加乘，再思考新的點子**。如果臨時想到什麼，可以使用手機裡的應用程式記錄下來。

雖然是思考與商業有關的點子，卻不一定只能以商業書籍區當作資訊來源。並且，能解讀時代潮流的關鍵字詞，反而要在新書區或雜誌區才能感受得到。

此外，食譜或寫真集等視覺畫面較多的書籍，對於刺激右腦也很有效果。

例如，由「只用三種香料製作咖哩」的食譜書，或者「值得推薦的晨間活動」等新書的標題開始發想，也許就會產生「只需要三種應用程式，就能做到的晨間英語學習法」這樣的點子。

還有，看見「此生一定要去看的絕美風景導覽」與「墓地大問題」的標題，說不定會從中產生「不由得會想和家人去掃墓」的發想。

不過，電子書的畫面，目前仍不太適合這樣的發想方法。因為我們希望能有偶然的邂逅，這種效用應該只有在書店才能引發吧。如此一來，還能為街上的實體書店加油，請大家不要只是隨意看看，最好還能購買喔。

一人腦力激盪法⑥

傾聽「普通人」的想法

在博報堂的討論會議上，會頻繁地出現「我媽媽（爸爸）說……」或「我先生（太太）說……」這樣的發言。

理由就是，任何人都不能無視「一般人」的意見。

▼親友的想法是蒐集意見時的寶庫

當然，工作上必然會有一些機密事項，因此，在處理相關資訊時，必須充分注意這點。

可以不說出具體的商品名稱或企業名稱，而是以商品種類最近帶給人的印象，或者平日的使用方式、喜歡什麼東西等，詢問一下身邊的人的意見，這點也是我們開討論磋商會前，非常重要的準備之一。

現今這個時代，依靠社群網站就可以了解各種人的相關訊息。而且，只要看一些評價網站，就可以看到上面充滿著對商品的批評。

另一方面，網站當中也可能摻雜著虛假的資訊，該如何判斷哪些資訊是真實的，其實並不容易。

這時，重要的就是「能面對面的對象」所說出的話。

特別是家人或身旁認識的人，在某種程度上，我們可以掌握他們的意見或反應的真偽，以及他們是因什麼樣的價值觀而產生這些想法。

就算資訊的數量不多，但是在博報堂的討論磋商會議上，還是非常歡迎大家提供像這樣的資訊。

一人腦力激盪法⑦

問一百個「為什麼」

當你面臨難以提供許多點子的困境，這時就準備許多的「為什麼」，也可以對討論磋商有所貢獻。

▼藉由疑問來刺激發想

以下是某位女性製作人在學生時代發生的小插曲。

她與朋友前往某家義大利餐廳用餐，儘管店內的料理非常美味，但是看起來客人卻不多。

與她同行的朋友們並不在意這件事，當大家開始點餐時，只有她一個人在思考該店生意不佳的理由。像是：

「為什麼燈光會這麼暗？」

「為什麼看板會放在難以看清楚的位置？」

整體算起來，她居然在一分鐘之內，想到了二十一個「為什麼」。

要把沒有人氣的店面變成人氣店家，並不是一件簡單的事。但是用自己的眼睛去觀察店面，思考店家「為什麼○○」並不難。

針對討論的主題，**單純地思考「為什麼會是這樣？」這點也是發想的重要準備工作之一**。

建議各位以提出一百個「為什麼」為目標，不過，如果是一個個列出來的話，到了第五十個左右就會開始變得困難了。為了達成目標，必須採用與平常不同的角度來思考，或者是多問問其他人。

當我們用各種角度思考商品或主題，就可以這麼進行，而這段思考時間本身，對於討論磋商會來說也是相當重要。

將一百個「為什麼」寫下來之後，就用自己的方式去找出答案，或者思考解答。其中有些疑問很快就能解決，當然也有即使查了資料，也找不到答案的狀況。

在網路上查詢一番後，仍不知道答案的那個「為什麼」，也許就是非常重要的「問題」。所以，一定要把這個重要的問題帶到討論會議中，進一步探討，或許也會因此刺激眾人的發想。

一人腦力激盪法⑧

體驗「沉迷其中」的滋味

由於部門調動而加入新團隊，或者中途才加入進行中的企劃，面對自己未曾參與過的討論，其實是一個很好的機會。

因為到目前為止，自己都沒有參加過該團隊的討論磋商，所以就算發言略為偏離主題，也是會被允許的。

▼藉由實際體驗找到新的發現

只要詢問博報堂的行銷人員或創意人員，相信會有不少人告訴你，他們在第一次討論磋商會之前，都會實際去購買商品，以及使用商品。

著名的廣告文案大師系井重里先生，在負責汽車公司的廣告時，就曾經換過車。即使不做到這個地步，還是可以到車商那裡試乘，或者自己去租車公司，實際駕駛看看，這點並非難事。

舉例來說，博報堂的某行銷人員加入了小鋼珠公司的企劃後，便嘗試了他人生中首次的小鋼珠遊戲。

因為是第一次，所以他也不太清楚怎麼玩，只是投了一千日圓進去，一下子就結束了。說老實話，這位行銷人員玩到一半時，曾認為「為什麼這麼無聊的東西會有人花錢去玩？」

不過，反正機會難得，他正想著要撐久一點時，不曉得是不是因為新手的好運，讓他投入幾千日圓之後，開始中了一些小獎。當他實際看到珠子愈來愈多的時候，感覺自己的腎上腺素好像湧出來似的，這才覺得「原來如此，終於懂得為什麼有人會沉迷於此了」。

當然，後來他並沒有經常去玩小鋼珠。不過，當時他持續投錢，讓自己玩到勝出的經驗，在後來的企劃案中也得以發揮。

當人們對一件事參與得愈久愈深，往往會忘了當初一無所知時的感受。

所以，別只是埋頭苦思點子，試著實際體驗，看看能有什麼樣的發現，或者多抱持疑問，或許就會讓一項停滯不前的企劃，再度活絡起來。

一人腦力激盪法⑨

圖像思考法

最後，我們要推薦的是，把點子畫成圖畫的腦力激盪法。

▼藉由影像化，使點子變得更具體

如果是新商品的開發企劃，就可以把商品的包裝、在店家裡擺放的模樣，或者在家庭中使用的場景，以手繪的方式畫出來。

當商品要刊登在雜誌上的時候，就可以自己先畫出雜誌的版面，這也是一種不錯的方式。

即使只是用簽字筆畫在白紙上也沒關係，不太會畫圖也不要緊，只要是用手描繪，自由地畫出來就行了。

若是很難描繪的狀況，也可以剪貼一些類似的圖片，這樣也很有效。

建議大家利用圖片搜尋網站，找出最接近自己腦海中想像的圖片。然後，準備好許多只有標題圖像的簡單資料，就像看圖說故事那樣，帶到討論磋商會上說明一番。

比起閱讀文章或者光靠聽故事，視覺（visual）能讓人獲得的資訊量更勝千百倍。

當我們參加討論點子的場合，要展現自己的創意時，如果希望在與會者心中留下印象，這時加上刺激視覺的圖像就會更有效果。

並且，還能藉由圖像進一步「擦亮點子」。

例如，當有人提出「能使日本和平的飲料」，這點子聽起來是不錯，但是要畫出來就相當困難了。

如果像這樣，很難將想法轉變成圖畫的話，有可能就代表點子本身太過抽象了。

所以，要讓自己想到的點子變得更具體，試著畫成圖畫絕對是很重要的事。

COLUMN

討論磋商
就是「形成協議」

澀谷區長

長谷部健

一九七二年生於東京都澀谷區。專修大學商學院畢業後，於一九九六年進入博報堂，期間一直都從事業務部門的工作。二〇〇二年離開博報堂，設立了與垃圾處理問題有關的非營利組織「green bird」。二〇〇三年得到當地民眾的支持，首次當選澀谷區議員，之後連續三任皆以第一高票當選。「澀谷春之小川遊戲公園」、「NPO法人澀谷大學的設立」、「宮下公園翻修」、「澀谷表參道Women's Run」、「澀谷區男女平等及尊重多樣化社會推進條例」等多數企劃，都由他親手主導。二〇一五年四月二十七日選舉時，初次當選澀谷區長。

▼「無關緊要的話」有時很重要

在進入博報堂的初期，我以業務人員的身分，參與連鎖便利商店的廣告片製作。印象中，即使是剛進博報堂的新人，也會被當成「大人」對待。在討論會議中，我從來沒有被否定過，意見也曾被採用，並呈現於廣告片裡。

對博報堂的討論磋商會來說，並沒有「好的，那麼現在會議開始。」這種八股式的招呼，往往都是人來得差不多了，不知不覺就開始了，大概就是這種感覺吧。

在與會成員到齊之前，通常都會說些「無關緊要的事」來炒熱氣氛。大家都有一些不為人知的有趣故事，光是聽大家述說這些事，就能擴展視野、自我成長了。

建議各位讀者：與會成員們所說的無關緊要的話，千萬別丟棄，還要累積起來。這麼一來，當大家正討論某個主題，有時突然想起這些無關緊要的話，或許就能派上用場，幫助解決問題。

當腦袋塞進太多未解決的懸案時，很容易生不出點子來。有時候反而在那些與自己不太相關的事物之中，會隱藏著發想的提示。

就算你在討論場合中，一直唸著「靈感快來！靈感快來！」如此絞盡腦汁，所謂的「發想」，也絕對不會因此跑出來。

舉例來說，我們在澀谷區設立為各種機構提供學習機會的「澀谷大學」，並不是因為心中想著要擠出點子，才發想出來的。

而是當我們看到插畫家描繪出澀谷區時，才想到「這看起來不是很像校園嗎？」「就把這塊區域選定為大學如何？」「可以發行學生證，然後憑證件用餐打折」等，就像這樣，點子不斷擴散出來了。

▼「協調能力」讓工作進展更順利

我在博報堂時期，所受的教育就是「業務做的是製作人的事」。

我們必須一面整合各類相關人士，一面讓工作能夠順利進行，這就是業務一角擔負的責任。

客戶、公司各部門和合作夥伴等，我的工作與許多人有關連，並且擁有許多經驗遠勝自己的前輩們。大抵說來，大家都會說些很任性的話（笑），因此，不得不在這當中取得平衡，例如，面對行銷人員或企劃人員該這麼說，而面對總監又該那樣說，必須巧妙地操縱，同時不斷往前進。我就是在博報堂學會重要的協調能力。

如今回想起來，我在博報堂學到「為了達成協議，讓事情能往前推進」的技巧，應該更多過於廣告面向的技巧。

結語

「好無聊」也可以是最棒的讚美詞

博報堂的員工們經常在開會討論時，一面說著「好無聊」或「好白痴」，一面開懷大笑。

對我們來說，「好無聊」或「好白痴」無疑是最棒的讚美詞了。

有時笑得太大聲，還會被隔壁會議室的人敲牆壁抗議（笑）。在討論磋商時，像這樣哄堂大笑的公司應該很少見吧？

我們認為「太過正經八百的話，是想不出什麼令人意外的點子」。「認真」當然是好事，但是「過度正經」可就不行。

我們的討論磋商裡，會出現很多閒聊和笑話，目的就是為了防止「過度正經」。然而，我自己也不是從一開始就覺得討論是件快樂的事。

博報堂的討論磋商會就像是「道場」一樣，是自己的點子與他人的點子彼此撞擊、一決勝負的地方。

點子若是被採用了，就能確認自己的成長；若是沒被採用，也能發覺自己不成熟之處。有時自己拚命也想不出來的點子，前輩或後輩卻輕易就想到了。

會議主導者想盡各種辦法主持，炒熱現場氣氛，把與會者彼此之間的摩擦能量提升到最高點。

所有人認真地討論，一天幾次下來，就算到了現在，也還是有筋疲力盡的感覺。即使如此，要展現自己費心想出的點子，那一刻的緊張感；或者得到尊敬的前輩一句「很有趣」的認可，那瞬間的亢奮感；以及優秀成員們把自己的點子加碼提升的那種奢侈感，只要有過一次經驗，就會覺得「沒有什麼事情比這件事更開心了」，這點非常不可思議。

產出點子的痛苦經驗，會一口氣變成過去的事情，然後，又會開始期待下一次的討論。

一旦討論磋商會變得有趣，相信公司整體的氣氛也會變得更好吧！

▼AI時代更應該讓「米糠醬」復活

當出版社的編輯詢問我們，要不要出一本與博報堂討論磋商會有關的書時，我實在想像不到是否會有讀者對這種書感興趣。

因為，每一家公司都會開討論會議，我不確定介紹博報堂的討論磋商會對大家有沒有幫助。

但是，經過與編輯們談話，加上參考其他公司轉職來的員工的訪談，我們才發現，博報堂的討論磋商會，以及「說話」和「問話」的方式，確實有特殊之處。

同時，博報堂的討論磋商會，並沒有像「公式」一般明確的形式，我們在製作本書的過程中，才清楚了解到這點。

博報堂常務董事北風勝先生，將博報堂的討論磋商會比喻成「米糠醬」（參照第六十四頁的專欄），創造性的泉源就在混沌的談話之中。

其實，過去所有的公司也都像「米糠醬」一樣，開著混沌不清的討論會議。但是，後來為了以生產性與效率為優先考量，大家都拋棄了「米糠醬缸」。從結果來說，或許就因為博報堂一直都很珍惜這缸「米糠醬」，所以討論磋商會才變得「特殊又醒目」。

另一方面，在數位化與ＡＩ技術發展後，有人說，未來人類能做的工作就是「發揮創造力」了。

在這樣的時代，博報堂在偶然的情況下，介紹了自己一直持續培育的「米糠醬缸」，如果能夠對有志於團隊創造力的人有幫助，那是令我們再高興不過的事了。

最後，我想再次感謝協助本書採訪工作的博報堂同仁——井上明、岩崎拓、金丸紀之、杉田和穗、鈴木朗、滝口勇也、田村壽浩、手塚豐、八木祥和、村田佳與子。

博報堂品牌創新設計局　岡田庄生

二〇一七年五月

《博報堂最強腦力激盪術》製作企劃團隊代表

岡田庄生

博報堂品牌創新設計局　總監

一九八一年生於東京。國際基督教大學畢業後，二〇〇四年進入博報堂。歷經PR戰略局職務後，現在隸屬於進行企業願景與品牌、商品開發支援的博報堂品牌創新設計局。二〇一三年獲得日本廣告企業協會（JAAA）懸賞論文金獎。二〇一四年獲日本PR協會「PR Award 二〇一四」優秀獎。著有《使人購買的發想～打動人心的三個習慣》（講談社）、《如何找出讓顧客想購買的「價值」》（KADOGAWA）等。Web Column「品牌之卵」的總編輯、東京工業大學客座講師、日本大學客座講師。

阿部成美

博報堂品牌創新設計局　戰略設計師

二〇一四年進入博報堂。從事過不動產、基礎建設、飲料、化妝品、金融、家電等多樣業界的品牌業務。以研究、引導、計畫為武器，負責品牌重建、產業戰略立案、商品開發、內部品牌化等業務。

職場通 職場通 042

博報堂最強腦力激盪術

廣告金獎團隊的6大討論原則×8個腦袋不卡關的思考點×9個創意訓練法

博報堂のすごい打ち合わせ

作　　者　博報堂品牌創新設計局
譯　　者　張婷婷
總 編 輯　何玉美
選 書 人　曾曉玲
責任編輯　曾曉玲
封面設計　Marco Chun-yi Lo
內頁設計　copy
內文排版　菩薩蠻數位文化有限公司

出版發行　采實出版集團
行銷企劃　陳佩宜・陳詩婷・陳苑如
業務發行　林詩富・張世明・林踏欣・吳淑華・林坤蓉
會計行政　王雅蕙・李韶婉
法律顧問　第一國際法律事務所　余淑杏律師
電子信箱　acme@acmebook.com.tw
采實官網　http://www. acmebook.com.tw
采實粉絲團　http://www.facebook.com/acmebook

I S B N　978-986-91240-7-2
定　　價　300 元
初版一刷　2018 年 4 月
劃撥帳號　50148859
劃撥戶名　采實文化事業有限公司
104 台北市中山區建國北路二段 92 號 9 樓
電話：02-2518-5198
傳真：02-2518-2098

國家圖書館出版品預行編目資料

博報堂最強腦力激盪術 / 博報堂品牌創新設計局作 ; 張婷婷譯. -- 初版. -- 臺北市 : 核果文化, 2018.04
面； 公分
譯自 : 博報堂のすごい打ち合わせ
ISBN 978-986-91240-7-2(平裝)

1.會議管理

494.4　107002565

采實出版集團
ACME PUBLISHING GROUP